公益財団法人 日本数学検定協会 監修

# 数学検定 2級 高2程度
## 実用数学技能検定 過去問題集

創育

# まえがき

実用数学技能検定2級 受検者の方々へ

公益財団法人 日本数学検定協会

$$e^{i\pi} + 1 = 0$$

　この式はみなさんもご存じのとおり、偉大な数学者であるレオンハルト・オイラーの公式より導かれたとても美しい等式です。

　さて、オイラーが数学をどのように評しているのか、大竹出版の数学名言集から引用してみますと、
「数学はおのおのの場合における関係を表示するだけでなく、それらの関係が物ごとそのものの性質上、どんな原因に依存しているかを突きとめる科学である。」
と、なっています。さらに、フランスの数学者であり政治家でもあったコンドルセは、
「オイラーはつねづね弟子たちにこう教えた。数学は孤立した学問ではなく、あらゆる人間の知識であり鍵である、と。」
このように伝えています。こうした言葉からもわかるとおり、数学が本来持っている特性というものは、"考える"ことの根本にあると捉えることができます。

　現在、企業ばかりでなく国も生き残りをかけています。その際に重要になっていることがイノベーションです。

　イノベーションについては、単なる技術革新と考えることもできますが、その革新によって経済的な成長へとつなげることのできる根源的なことを言います。こうしたことを行うためには、これまで蓄積されたノウハウを最大限に活用しつつ、時には新たな視点で検討し、試行錯誤しながら開発へとつなげていくことが必要となります。この試行錯誤がまさしく数学であり、あらゆる人間の知識であり鍵であるのです。

　さて、数学の歴史に改めて目を向けてみると、そこにもイノベーションと呼べることが多く存在します。オイラーが創始したグラフ理論もその1つです。私たちは多くの偉大な数学者たちが築いてきた数学を簡単に学ぶことができます。そして、仕事やあらゆる場面で利用することができます。それは素晴らしい人類の財産です。実用数学技能検定をきっかけとして、素晴らしい世界の体験していただき、更に自らのイノベーションにつなげてみてはいかがでしょうか。

# 実用数学技能検定過去問題集

**目 次**

## 数学検定 2級

| | |
|---|---:|
| まえがき | 2 |
| 検定の概要／受検の目安／検定時間／ | |
| 　検定問題数／検定料 | 4 |
| 合格基準／合格者の顕彰／合格者への優遇措置 | 5 |
| 受検資格／検定日／受検申込方法 | 6 |
| 検定内容の構造図 | 8 |
| 出題単元と技能の概要 | 9 |

## PART I　単元別よく出るポイント

**1次：計算技能対策**

| | | |
|---|---|---:|
| 1回 | 数と式 | 12 |
| 2回 | 2次関数 | 14 |
| 3回 | 場合の数と確率 | 16 |
| 4回 | 集合と平面幾何 | 18 |
| 5回 | 三角比 | 20 |
| 6回 | 数列 | 22 |
| 7回 | 指数関数・対数関数 | 24 |
| 8回 | 図形と方程式 | 26 |
| 9回 | 複素数と方程式 | 28 |
| 10回 | 微分積分 | 30 |
| 11回 | ベクトル | 32 |

**2次：数理技能対策**

| | | |
|---|---|---:|
| 1回 | 三角関数 | 34 |
| 2回 | 指数関数・対数関数 | 36 |
| 3回 | 場合の数と確率 | 38 |
| 4回 | 確率統計 | 40 |
| 5回 | 式と証明 | 42 |
| 6回 | 複素数と方程式 | 44 |
| 7回 | 図形と方程式 | 46 |
| 8回 | 数列 | 48 |
| 9回 | ベクトル | 50 |
| 10回 | 微分積分 | 52 |
| 11回 | 思考力を問う問題・作図 | 54 |

## PART II　過去問にチャレンジ

| | |
|---|---:|
| 第1回（1次・2次） | 56 |
| 第2回（1次・2次） | 64 |
| 第3回（1次・2次） | 72 |
| 第4回（1次・2次） | 80 |
| 監修者紹介 | 88 |
| 解説と解答 | 別冊 |

## 検定の概要(平成 26 年 4 月以降対応)

① 検定階級は 1 級, 準 1 級, 2 級, 準 2 級, 3 級, 4 級, 5 級, 6 級, 7 級, 8 級, 9 級, 10 級, 11 級,「かず・かたち検定」のゴールドスター, シルバースターがあります。

② 1 級から 5 級には「1 次:計算技能検定」と「2 次:数理技能検定」があります。1 次は「計算技能」を, 2 次は「数理応用技能」を観るものです。数学の実用的技能には「計算」「作図」「表現」「測定」「整理」「統計」「証明」などの技能があります。

③ 1 級から 5 級の「2 次:数理技能検定」では, 電卓を活用することができます。電卓の活用は, 検定問題を解く場合に計算時間を短縮し, 思考する時間を多くとれるようにするためです。また, 答えの確認をする場合にも便利です。

## 受検の目安, 検定時間, 検定問題数, 検定料

| 検定階級 | | 受検の目安 | 検定時間 | | 検定問題数 | | 検定料 |
|---|---|---|---|---|---|---|---|
| | | | 1 次 | 2 次 | 1 次 | 2 次 | |
| 1 級 | | 大学程度・一般 | 60分 | 120分 | 7 問 | 2題必須・5題より2題選択 | 5,000 円 |
| 準 1 級 | | 高校 3 年程度 | 60分 | 120分 | 7 問 | 2題必須・5題より2題選択 | 4,500 円 |
| 2 級 | | 高校 2 年程度 | 60分 | 90分 | 15 問 | 2題必須・5題より3題選択 | 4,000 円 |
| 準 2 級 | | 高校 1 年程度 | 60分 | 90分 | 15 問 | 10 問 | 3,500 円 |
| 3 級 | | 中学 3 年程度 | 60分 | 60分 | 30 問 | 20 問 | 3,000 円 |
| 4 級 | | 中学 2 年程度 | 60分 | 60分 | 30 問 | 20 問 | 2,500 円 |
| 5 級 | | 中学 1 年程度 | 60分 | 60分 | 30 問 | 20 問 | 2,500 円 |
| 6 級 | | 小学 6 年程度 | 50分 | | 30 問 | | 2,000 円 |
| 7 級 | | 小学 5 年程度 | 50分 | | 30 問 | | 2,000 円 |
| 8 級 | | 小学 4 年程度 | 50分 | | 30 問 | | 2,000 円 |
| 9 級 | | 小学 3 年程度 | 40分 | | 20 問 | | 1,500 円 |
| 10 級 | | 小学 2 年程度 | 40分 | | 20 問 | | 1,500 円 |
| 11 級 | | 小学 1 年程度 | 40分 | | 20 問 | | 1,500 円 |
| かずかたち検定 | ゴールドスター | 未就学児童 | 40分 | | 15 問 | | 1,500 円 |
| | シルバースター | 未就学児童 | 40分 | | 15 問 | | 1,500 円 |

## 合格基準

　1級から5級までは，「1次：計算技能検定」は全問題の70％程度，「2次：数理技能検定」は全問題の60％程度です。
　6級から11級，「かず・かたち検定」は，全問題の70％程度です。

## 合格者の顕彰

① 検定に合格した人（1級から5級は1次，2次の両方に合格した人）には，「実用数学技能検定合格証」が授与されます。

② 1級から5級で，「1次：計算技能検定」のみに合格した人には，「計算技能検定合格証」が，「2次：数理技能検定」のみに合格した人には，「数理技能検定合格証」が授与されます。

③ 合格証は，検定日から約30〜40日後に送付されます。

④ 1級から5級の計算技能検定合格および数理技能検定合格はそれぞれ独立して認められ，永続してこれが保証されます。

⑤ 検定合格者の中から特に優秀と認められる個人，充分な努力が認められる個人または所属団体は，選考委員会の決定に基づき表彰されることがあります。

⑥ 検定合格者本人からの要請があれば，「実用数学技能検定合格証明書」（有料）が発行されます。

## 合格者への優遇措置

　実用数学技能検定1級，準1級，2級に合格すると，次のような制度が適用されます。

① 高等学校卒業程度認定試験の必修科目「数学」が免除になります。

② 大学・短大・高校・中学などの入試優遇，単位認定があります。

## 受検資格

　原則として受検資格は問いません。ただし，時代の要請や学習環境の変化などにより，公益財団法人日本数学検定協会が必要と認めるときはこの限りではありません。

## 検定日

　検定日は，公式サイトにてご確認ください。

# 受検申込方法

　受検の申し込みには，団体受検と個人受検があります。団体受検の場合，公益財団法人日本数学検定協会へ団体名，住所，電話番号，担当者氏名を明記のうえ，FAXで資料を請求することもできます。

## 個人受検の方法

　個人受検できるのは，年3回です。
- ※　お申し込み後，検定日の10日～1週間前を目安に受検証がを送付されます。受検証に検定会場や時間が明記されています。
- ※　検定会場は全国の県庁所在地に設定される予定です。（検定日によって設定される地域が異なりますのでご注意ください。）
- ※　会場が遠くなる可能性がある場合，自分の学校で受検できるか，学校の先生にご相談ください。10人以上で団体受検ができます。
- ※　一旦納入された検定料は，理由のいかんによらず，返還，繰り越し等できません。

個人受検は次のいずれかの方法でお申し込みできます。

### ① 公式サイトで申し込む

　受付期間中に公式サイトからお申し込みができます。詳細は公式サイトにてご確認ください。

② **コンビニエンスストアで申し込む**

　コンビニエンスストアに設置されている情報端末からお申し込みができます。画面の指示に従って必要事項を入力すると，最後に支払伝票が印刷されます。印刷された支払伝票をレジに持参して，検定料をお支払いください。

※　公式サイト，およびコンビニエンスストアからのお申し込みは，検定料をお支払いいただいた時点で手続き完了です。その後，領収書等を郵送いただく必要はありません。また，この2つの方法のみ，予め希望会場を市区郡まで選択できます。(定員を超えた場合は，最寄りの会場に振り替えとなります。)

③ **書店で申し込む**

　取扱書店からお申し込みができます。書店に置かれているパンフレットの手順に従ってお申し込みください。

※　検定日によっては，書店でのお申し込みができないことがあります。お申し込み可能かどうかは，公式サイト等でご確認いただくか，最寄りの取扱書店にお尋ねください。

お申し込み方法は，他にもあります。詳細は下記公式サイトにてご確認ください。

---

公益財団法人 日本数学検定協会　受付・流通センター
〒125-8602
東京都葛飾区東金町 6-6-5　三井生命金町ビル 4 階
電話番号：03-5660-4808　　FAX 番号：03-5660-5775
公式サイトアドレス　http://www.su-gaku.net/

## 検定内容の構造図

各階級の検定内容の構造は，以下の通りです。1級から11級までは「実用数学技能検定特有問題」が10%出題されます。A〜M, GS, SS が表す出題単元や技能の概要は，次ページ以降をご覧ください。

| 階級 | 構成 | | | 特有 |
|---|---|---|---|---|
| 1級 | A（B・C） 90% | | | 10% |
| 準1級 | B 50% | C 40% | | 10% |
| 2級 | C 50% | D 40% | | 10% |
| 準2級 | D 50% | E 40% | | 10% |
| 3級 | E 30% | F 30% | G 30% | 10% |
| 4級 | F 30% | G 30% | H 30% | 10% |
| 5級 | G 30% | H 30% | I 30% | 10% |
| 6級 | H 45% | I 45% | | 10% |
| 7級 | I 45% | J 45% | | 10% |
| 8級 | J 45% | K 45% | | 10% |
| 9級 | K 45% | L 45% | | 10% |
| 10級 | L 45% | M 45% | | 10% |
| 11級 | M 90% | | | 10% |
| かず・かたち検定 ゴールドスター | GS 100% | | | |
| かず・かたち検定 シルバースター | SS 100% | | | |

# 出題単元と技能の概要

| 記号 | 出題単元 | 技能の概要 |
|---|---|---|
| A | 解析：微分法，積分法，基本的な微分方程式，多変数関数（偏微分・重積分），基本的な複素解析<br>線形代数：線形方程式，行列，行列式，線形変換，線形空間，計量線形空間，曲線と曲面，線形計画法，二次形式，固有値，多項式，代数方程式，初等整数論<br>確率統計：確率，確率分布，回帰分析，相関係数<br>コンピュータ：数値解析，アルゴリズムの基礎<br>その他：自然科学への数学の応用　など | 情報科学社会の発展や生環境の保全あるいは経済活動などを計画的に推進するために必要な数学技能<br>① 自然科学に密着した数学上の諸技法を駆使し，諸法則を活用することができる。<br>② 抽象的な思考ができる。<br>③ 身の回りの事象について，数学的に推論ができる。 |
| B | 数列と極限，関数と極限，いろいろな関数（分数関数・無理関数），合成関数，逆関数，微分法・積分法，行列の演算と1次変換，いろいろな曲線，複素数平面，基礎的統計処理，コンピュータ（数式処理）　など | 情報科学社会に対応して生じる課題や問題を迅速かつ正確に処理するために必要な数学技能<br>① 自然現象や社会現象の変化の特徴を掴み，表現することができる。<br>② 身の回りの事象を，数学を用いて表現できる。 |
| C | 式と証明，分数式，高次方程式，いろいろな関数（指数関数・対数関数・三角関数・高次関数），点と直線，円の方程式，軌跡と領域，微分係数と導関数，不定積分と定積分，ベクトル，複素数，方程式の解，確率分布と統計的な推測，コンピュータ（数値計算）　など | 日常生活や業務で生じる課題や問題を合理的に処理するために必要な数学技能（数学的な活用）<br>① 複雑なグラフの表現ができる。<br>② 情報の特徴を掴みグループ分けや基準を作ることができる。<br>③ 身の回りの事象を数学的に発見できる。 |
| D | 数と集合，数と式，2次関数・グラフ，2次不等式，三角比，データの分析，場合の数，確率，整数の性質，n進法，図形の性質，等差数列，等比数列，コンピュータ（流れ図・近似値），統計処理の基礎，離散グラフ，数学の歴史的観点　など | 日常生活や社会活動に応じた課題を正確に処理するために必要な数学技能（数学的な活用）<br>① グラフや図形の表現ができる。<br>② 情報の選別や整理ができる。<br>③ 身の回りの事象を数学的に説明できる。 |
| E | 平方根，式の展開と因数分解，素因数分解，二次方程式，三平方の定理，円の性質，相似比，面積比，体積比，簡単な二次関数，簡単な統計　など | 社会で創造的活動を行うために役立つ基礎的数学技能<br>① 簡単な構造物の設計や計算ができる。<br>② 斜めの長さを計算することができ，材料の無駄を出すことなく切断したり行動することができる。<br>③ 製品や社会現象を簡単な統計図で表示することができる。 |

| 記号 | 出題単元 | 技能の概要 |
|---|---|---|
| F | 文字式を用いた簡単な式の四則混合計算，文字式の利用と等式の変形，一元一次不等式，連立方程式，平行線の性質，平行線と線分の比，三角形の合同条件，四角形の性質，相似条件，一次関数，確率の基礎，相関図と相関表　など | 社会で主体的かつ合理的に行動するために役立つ基礎的数学技能<br>① 2つのものの関係を文字式で合理的に表示することができる。<br>② 写真・地図・印刷物の拡大縮小時の材料計算ができる。<br>③ 簡単な情報をヒストグラムなどで表示することができる。 |
| G | 正の数・負の数を含む四則混合計算，文字を用いた式，一次式の加法・減法，一元一次方程式，基本的な作図，平行移動，対称移動，回転移動，空間における直線や平面の位置関係，扇形の弧の長さと面積，平面図形の構成，空間図形の切断・投影・展開，柱体・錐体及び球の表面積と体積，直角座標，負の数を含む比例・反比例，近似値と誤差，度数分布とヒストグラム，平均値と範囲　など | 社会の変化に対応して生活するために役立つ基礎的数学技能<br>① 負の数がわかり，社会現象の実質的正負の変化をグラフに表すことができる。<br>② 基本的図形を正確に描くことができる。<br>③ 2つのものの関係変化を直線で表示することができる。 |
| H | 分数を含む四則混合計算，円の面積，円柱・角柱の体積，速さの理解，縮図・拡大図，対称性などの理解，基本的単位の理解，比の理解，比例や反比例の理解，資料の整理，簡単な文字と式，簡単な測定や計量の理解　など | 身近な生活に役立つ操作を伴う算数技能<br>① 容器に入っている液体などの計量ができる。<br>② 地図上で実際の大きさや広さを算出することができる。<br>③ 2つのものの関係を比やグラフで表示することができる。<br>④ 簡単な資料の整理をしたり表にまとめることができる。 |
| I | 整数や小数の四則混合計算，約数・倍数，分数の加減，三角形・四角形の面積，三角形・四角形の内角の和，立方体・直方体の体積，平均，単位量あたりの大きさ，多角形，図形の合同，円周の長さ，角柱・円柱，簡単な比例，基本的なグラフの表現，割合や百分率の理解　など | 身近な生活に役立つ算数技能<br>① コインの数や紙幣の枚数を数えることができ，金銭の計算や授受を確実に行うことができる。<br>② 複数の物の数や量の比較を円グラフや帯グラフなどで表示することができる。<br>③ 消費税などを算出できる。 |
| J | 整数の四則混合計算，小数・同分母の分数の加減，概数の理解，長方形・正方形の面積，基本的な立体図形の理解，角の大きさ，平行・垂直の理解，平行四辺形・ひし形・台形の理解，表と折れ線グラフ，伴って変わる2つの数量の関係の理解，そろばんの使い方　など | 身近な生活に役立つ算数技能<br>① 都道府県人口の比較ができる。<br>② 部屋，家の広さを算出することができる。<br>③ 単位あたりの料金から代金が計算できる。 |

| 記号 | 出題単元 | 技能の概要 |
|---|---|---|
| K | 整数の表し方，整数の加減，2けたの数をかけるかけ算，1けたの数でわるわり算，小数・分数の意味と表し方，小数・分数の加減，長さ・重さ・時間の単位と計算，時刻の理解，円と球の理解，二等辺三角形・正三角形の理解，数量の関係を表す式，表や棒グラフの理解　など | **身近な生活に役立つ基礎的な算数技能**<br>① 色紙などを，計算して同じ数に分けることができる。<br>② 調べたことを表や棒グラフにまとめることができる。<br>③ 体重を単位を使って比較できる。 |
| L | 百の位までのたし算・ひき算，かけ算の意味と九九，簡単な分数，三角形・四角形の理解，正方形・長方形・直角三角形の理解，箱の形，長さ・水のかさと単位，時間と時計の見方，人数や個数の表やグラフ　など | **身近な生活に役立つ基礎的な算数技能**<br>① 商品の代金・おつりの計算ができる。<br>② 同じ数のまとまりから，全体の数を計算できる。<br>③ リボンの長さ・コップに入る水の体積を単位を使って表すことができる。<br>④ 身の回りにあるものを分類し，整理して簡単な表やグラフに表すことができる。 |
| M | 百の位の数の表し方，十の位までのたし算・ひき算，時計の見方，いろいろなものの形と位置　など | **身近な生活に役立つ基礎的な算数技能**<br>① 画用紙など百を超えるものの数を数えて，数字で表すことができる。<br>② 十を超えるもののたし算・ひき算ができる。<br>③ 缶やボールなど身の回りにあるものの特徴をとらえて，分けることができる。 |
| GS | 10までの数の理解，合わせた数，○△□を含む形の基本的な理解，やや複雑な積み木の数の理解，大小・長短・高低・多少・重軽，規則を見いだす力　など | **遊びや生活に役立つかずやかたち**<br>① クッキーなどの個数（10まで）を数えることができる。<br>② 背の高さなどを直接比べて比較できる。<br>③ 三角形，四角形，丸の形などを使って遊ぶことができる。 |
| SS | 5までの数の理解，○△□の基本的な理解，簡単な積み木の数の理解，大小・長短・多少，規則を見いだす力　など | **遊びに役立つかずやかたち**<br>① あめなどの個数（5まで）を数えることができる。<br>② ひもの長さなどを直接比べて比較できる。<br>③ 三角形，四角形，丸の形を区別できる。 |

# 1 数と式

1次：計算技能対策
PART I
単元別よく出るポイント

## よく出るポイント
## 数と式の基本事項

**1 式の展開**
[1] $(a \pm b)^3 = a^3 \pm 3a^2b + 3ab^2 \pm b^3$ （複号同順）
[2] $(a+b)(a^2-ab+b^2) = a^3+b^3$
[3] $(a-b)(a^2+ab+b^2) = a^3-b^3$
[4] $(a+b+c)^2 = a^2+b^2+c^2+2ab+2bc+2ca$

**2 因数分解の方法**
[1] **1**の公式を利用する。
[2] 並びかえて，共通因数でくくる。
[3] 置き換えて，2次式に変形してから，たすき掛けで因数分解する。

**3 分母の有理化**
　分母を有理数に変形して，通分などの計算をしやすくするための変形である。
　（例）　$a$ と $b$ が正の有理数のとき

$$\frac{\sqrt{a}-\sqrt{b}}{\sqrt{a}+\sqrt{b}} = \frac{(\sqrt{a}-\sqrt{b})^2}{(\sqrt{a}+\sqrt{b})(\sqrt{a}-\sqrt{b})}$$

$$= \frac{(\sqrt{a}-\sqrt{b})^2}{a-b}$$

分母が $\sqrt{a}+\sqrt{b}$ なので，分母と分子に $\sqrt{a}-\sqrt{b}$ をかける。

**4 整式の除法**
　割る式と割られる式をともに降べきの順にそろえ，次数の高い項から順に商を求めていく。余りの式の次数が割る式の次数よりも低くなるまで計算をすすめる。

# 単元別 ★ よく出る過去問

**1 共通因数でくくる因数分解**

(1) 次の式を因数分解しなさい。
$xy - x + y - 1$　　　　　　　　　　　　　＜正答率＞ 90.6％

(2) 次の式を因数分解しなさい。
$x^4 y - x y^4$　　　　　　　　　　　　　　＜正答率＞ 77.7％

**2 公式を利用する因数分解**

次の式を因数分解しなさい。
$x^2 - y^2 + 4y - 4$　　　　　　　　　　　＜正答率＞ 83.9％

**3 置き換えて2次式に変形する因数分解**

(1) 次の式を因数分解しなさい。
$x^4 - 13 x^2 + 36$　　　　　　　　　　　＜正答率＞ 79.5％

(2) 次の式を因数分解しなさい。
$x^4 - 3 x^2 - 4$　　　　　　　　　　　　　＜正答率＞ 70.8％

## 2 2次関数

1次:計算技能対策　　PART I
単元別よく出るポイント

### よく出るポイント
### 2次関数の基本事項

**1** 2次関数の頂点

$$y = ax^2 + bx + c = a\left(x + \frac{b}{2a}\right)^2 - a\left(\frac{b}{2a}\right)^2 + c = a\left(x + \frac{b}{2a}\right)^2 - \frac{b^2 - 4ac}{4a}$$

頂点は $\left(-\dfrac{b}{2a},\ -\dfrac{b^2 - 4ac}{4a}\right)$

**2** 2次関数のグラフと$x$軸の共有点の個数

$y = ax^2 + bx + c$ について，$y = 0$ とおいて，$ax^2 + bx + c = 0$
この方程式の判別式 $D = b^2 - 4ac$ について，
$D > 0$ のとき，$x$軸との共有点は2個
$D = 0$ のとき，$x$軸との共有点は1個(接する)
$D < 0$ のとき，$x$軸との共有点はなし

**3** 2次関数のグラフと直線との共有点の個数

放物線 $y = ax^2 + bx + c$ と直線 $y = px + q$ について，
$y$を消去して，$ax^2 + bx + c = px + q$
まとめて，$ax^2 + (b - p)x + c - q = 0$
この方程式の判別式 $D = (b - p)^2 - 4a(c - q)$ について，
$D > 0$ のとき，共有点は2個
$D = 0$ のとき，共有点は1個(接する)
$D < 0$ のとき，共有点はなし

**4** 2次不等式

$p < q$ のとき，
$x$の2次不等式 $(x - p)(x - q) < 0$ の解は，$p < x < q$
$x$の2次不等式 $(x - p)(x - q) > 0$ の解は，$x < p,\ q < x$

解答用の数直線

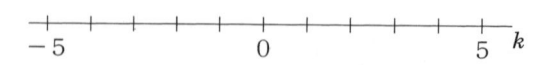

$-5\ \ \ \ \ \ \ \ \ \ 0\ \ \ \ \ \ \ \ \ \ 5\ \ k$

# 単元別★よく出る過去問

## 1 放物線と$x$軸との共有点の個数を求める問題

(1) 放物線$y=2x^2-(2k-1)x+k+1$について，次の問いに答えなさい。　　　　　　　　　　　　　　　　　　　　　　　　＜正答率＞64.8％
  ① この放物線が$x$軸と共有点をもたないような$k$の値の範囲を求めなさい。
  ② ①で求めた$k$の値の範囲を数直線上に図示しなさい。

(2) 放物線$y=3x^2-2(2k-1)x-k+2$について，次の問いに答えなさい。　　　　　　　　　　　　　　　　　　　　　　　　＜正答率＞63.7％
  ① この放物線が$x$軸と共有点をもつような$k$の値の範囲を求めなさい。
  ② ①で求めた$k$の値の範囲を数直線上に図示しなさい。

(3) 放物線$y=2x^2-4(k+1)x+k+11$について，次の問いに答えなさい。　　　　　　　　　　　　　　　　　　　　　　　　＜正答率＞61.9％
  ① この放物線が$x$軸と共有点をもたないような$k$の値の範囲を求めなさい。
  ② ①で求めた$k$の値の範囲を数直線上に図示しなさい。

(4) 放物線$y=x^2+2(3k+2)x+3k+14$について，次の問いに答えなさい。　　　　　　　　　　　　　　　　　　　　　　　　＜正答率＞60.8％
  ① この放物線が$x$軸と共有点をもつような$k$の値の範囲を求めなさい。
  ② ①で求めた$k$の値の範囲を数直線上に図示しなさい。

(5) 放物線$y=x^2-4(k-1)x+k^2+20$について，次の問いに答えなさい。　　　　　　　　　　　　　　　　　　　　　　　　＜正答率＞56.3％
  ① この放物線が$x$軸と共有点をもつような$k$の値の範囲を求めなさい。
  ② ①で求めた$k$の値の範囲を数直線上に図示しなさい。

(6) 放物線$y=x^2-2(2k+1)x+k^2+16$について，次の問いに答えなさい。　　　　　　　　　　　　　　　　　　　　　　　　＜正答率＞50.6％
  ① この放物線が$x$軸と共有点をもつような$k$の値の範囲を求めなさい。
  ② ①で求めた$k$の値の範囲を数直線上に図示しなさい。

## 3 1次：計算技能対策
# 場合の数と確率

PART I
単元別よく出るポイント

### よく出るポイント
## 場合の数と確率の基本事項

### 1 順列

異なる $n$ 個のものから $r$ 個を取り出して一列に並べたものを順列といい，その総数を $_n\mathrm{P}_r$ で表す。

$$_n\mathrm{P}_r = \underbrace{n(n-1)(n-2)\cdots\cdots(n-r+1)}_{r個} \quad (n \geq r)$$

また，自然数の1から $n$ までの積を $n$ の階乗といい，$n!$ と表す。これを用いて，$_n\mathrm{P}_r = \dfrac{n!}{(n-r)!}$ とも表す。(ただし，$0! = 1$)

(例) 1，2，3，4，5から2つの数を選んで並べる方法は，

$$_5\mathrm{P}_2 = \frac{5!}{3!} = 5 \times 4 = 20 \,(通り)$$

### 2 組合せ

異なる $n$ 個のものから $r$ 個選ぶ組合せの数を $_n\mathrm{C}_r$ と表し，

$_n\mathrm{C}_r = \dfrac{n!}{(n-r)!\,r!}\quad (n \geq r)$ と計算する。

(例) 1，2，3，4，5から2つの数を選ぶ方法は，

$$_5\mathrm{C}_2 = \frac{5!}{2!3!} = \frac{5 \times 4}{2 \times 1} = 10 \,(通り)$$

### 3 確率の定義

全事象 $N$ の根元事象のどれが起こることも同様に確からしいとき，

$$事象Aの起こる確率 P(A) = \frac{事象Aの根元事象の個数}{全事象Nの根元事象の個数}$$

(例) さいころを1回投げて5の目が出る確率

$$\frac{1通り}{6通り} = \frac{1}{6}$$

# 単元別★よく出る過去問

## 1 順列と組合せを求める問題

(1) 12人から4人を選ぶ選び方は何通りありますか。　　<正答率> 85.3%

(2) 1，2，3，4，5の5個の数字を並べかえてできる5けたの奇数はいくつありますか。　　<正答率> 76.3%

## 2 確率を求める問題

(1) 3枚の硬貨を投げるとき、1枚だけ表になる確率を求めなさい。
　　<正答率> 80.0 %

(2) 男3人，女4人の中からくじ引きで2人を選ぶとき、男と女が選ばれる確率を求めなさい。　　<正答率> 70.5%

(3) 15個のシュークリームのうちカスタードクリームが入ったものが12個、からしが入ったものが3個あります。これらのうち2個を同時に取り出すとき、少なくとも1個はからしが入ったものを取る確率を求めなさい。
　　<正答率> 56.0%

## 3 組分けの問題

8人を4人，4人の2組に分ける方法は、何通りありますか。
　　<正答率> 24.8%

## 4 集合と平面幾何

1次：計算技能対策　PART I
単元別よく出るポイント

### よく出るポイント

## 集合と平面幾何の基本事項

### 1 集合

物の集まりで，それぞれに含まれる明確な基準のあるものを集合という。
（例）　$A=\{x \mid x$は4以下の自然数$\}$ または $A=\{1, 2, 3, 4\}$ と表す。
集合$A$を構成する1，2，3，4をそれぞれ集合$A$の要素といい，$n(A)$は集合$A$の要素の個数を表し，（例）の集合$A$の場合は，$n(A)=4$となる。

### 2 平面幾何

［1］メネラウスの定理

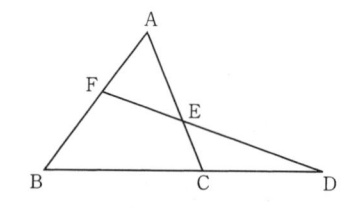

左図のように，△ABCと直線DFが交わっているとき，
$$\frac{BD}{DC} \cdot \frac{CE}{EA} \cdot \frac{AF}{FB} = 1$$
が成り立つ。

［2］チェバの定理

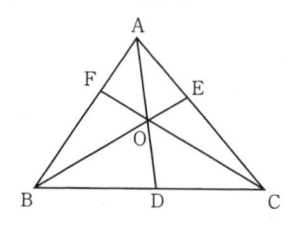

左図のように，△ABCの内部に点Oをとり，3頂点と結んだ直線と3辺との交点をD，E，Fとすると，
$$\frac{BD}{DC} \cdot \frac{CE}{EA} \cdot \frac{AF}{FB} = 1$$
が成り立つ。

［3］三角形の角の2等分線と比例

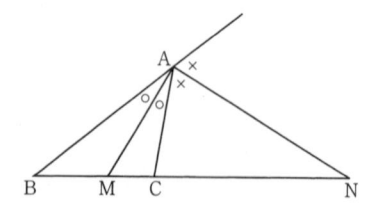

左図のように，△ABCで∠Aとその外角の2等分線が，直線BCと交わるとき，その交点をそれぞれM，Nとすると，
AB：AC＝BM：MC＝BN：NC

## 単元別★よく出る過去問

### 1 集合の要素の個数を求める問題
100以下の自然数のうち，3の倍数または4の倍数の個数を求めなさい。
<新作問題>

### 2 ド・モルガンの法則を用いて集合の要素を求める問題
$U=\{x \mid x$は10以下の自然数$\}$を全体集合とし，$A=\{1, 3, 6, 8\}$，$B=\{2, 3, 8\}$とするとき，集合$\overline{A} \cap \overline{B}$を求めなさい。
<新作問題>

### 3 メネラウスの定理から辺の比を求める問題
△ABCにおいて，辺BCを5：3の比に外分する点をP，辺ABを1：3の比に内分する点をQとして，QPとACの交点をRとします。このとき，AR：RCを求めなさい。
<新作問題>

### 4 チェバの定理から辺の比を求める問題
△ABCの内部に点Oをとり，直線AO，BO，COが辺BC，CA，ABと交わる点をそれぞれD，E，Fとします。BD：DC＝3：1，CE：EA＝2：3のとき，AF：FBを求めなさい。
<新作問題>

### 5 角の2等分線の性質を用いる問題
△ABCについて，AB＝8，BC＝15，CA＝12とします。∠BACの2等分線と辺BCとの交点をDとするとき，BDの長さを求めなさい。
<新作問題>

# 5　三角比

1次：計算技能対策

PART I

単元別よく出るポイント

## よく出るポイント

### 三角比の基本事項

**1　正弦定理**

　△ABCについて，BC$=a$，CA$=b$，AB$=c$
とするとき，$\dfrac{a}{\sin A}=\dfrac{b}{\sin B}=\dfrac{c}{\sin C}=2R$

（Rは△ABCの外接円の半径）

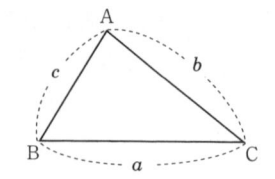

**2　余弦定理**

［1］2辺とその間の角を用いて，残りの辺の長さを求める。
$$a^2=b^2+c^2-2bc\cos A$$
$$b^2=c^2+a^2-2ca\cos B$$
$$c^2=a^2+b^2-2ab\cos C$$

［2］3辺の長さから内角の余弦を求める。そして，内角を求める。
$$\cos A=\dfrac{b^2+c^2-a^2}{2bc},\ \cos B=\dfrac{c^2+a^2-b^2}{2ca},\ \cos C=\dfrac{a^2+b^2-c^2}{2ab}$$

**3　三角比の相互関係**

［1］$\sin^2\theta+\cos^2\theta=1$
［2］$\tan\theta=\dfrac{\sin\theta}{\cos\theta}$
［3］$1+\tan^2\theta=\dfrac{1}{\cos^2\theta}$
［4］$(\sin\theta+\cos\theta)^2=1+2\sin\theta\cos\theta$

**4　三角形の面積**

　△ABCの面積は，$S=\dfrac{1}{2}bc\sin A=\dfrac{1}{2}ca\sin B=\dfrac{1}{2}ab\sin C$

# 単元別★よく出る過去問

### 1 関係式を用いて式の値を求める問題
$\sin\theta + \cos\theta = \dfrac{3}{5}$ のとき，$\sin\theta\cos\theta$ の値を求めなさい。ただし，$0°\leqq \theta \leqq 180°$ とします。
<正答率> 81.0%

### 2 余弦定理を用いて辺の長さを求める問題
(1) △ABCにおいて，$AC = 3\sqrt{2}$，$BC = 3$，$\angle C = 45°$のとき，辺ABの長さを求めなさい。
<正答率> 80.2%

(2) 右の図の△ABCでAB = $2\sqrt{3}$，BC = 5，$\angle B = 30°$のとき，辺ACの長さを求めなさい。
<正答率> 76.3%

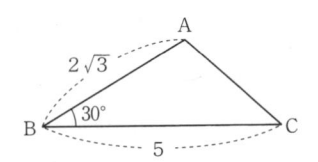

(3) 右の図の△ABCにおいて，AB = 3，BC = $2\sqrt{2}$，$\angle B = 45°$のとき，辺ACの長さを求めなさい。
<正答率> 73.5%

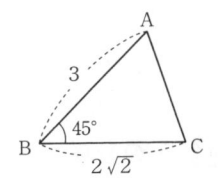

### 3 3辺の長さから内角の余弦を求める問題
右の図のような△ABCにおいて，AB = 3，AC = 6，BC = 5であるとき，$\cos A$の値を求めなさい。
<正答率> 73.2%

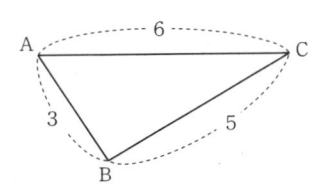

### 4 三角形の面積を求める問題
右の図の△ABCにおいて，AB = 4，AC = 3，$\angle A = 60°$のとき，△ABCの面積を求めなさい。
<正答率> 80.5%

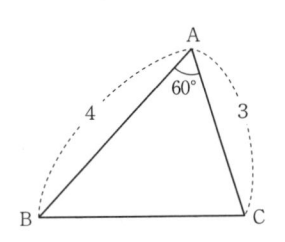

# 6 数列

1次：計算技能対策

PART I
単元別よく出るポイント

## よく出るポイント

## 数列の基本事項

### 1 等差数列

初項 $a$，公差 $d$ の等差数列 $\{a_n\}$ の第 $n$ 項を一般項といい，
$a_n = a + (n-1)d$ と表す。
また，等差数列 $\{a_n\}$ の初項から第 $n$ 項までの和を $S_n$ とすると，
$S_n = \dfrac{n(a+a_n)}{2} = \dfrac{n\{2a+(n-1)d\}}{2}$ と表せる。

### 2 等比数列

初項 $a$，公比 $r$ の等比数列 $\{a_n\}$ の一般項を，
$a_n = a \cdot r^{n-1}$ と表す。
また，等比数列 $\{a_n\}$ の初項から第 $n$ 項までの和を $S_n$ とすると，
$r \neq 1$ のとき，$S_n = \dfrac{a(r^n-1)}{r-1} = \dfrac{a(1-r^n)}{1-r}$
$r = 1$ のとき，$S_n = a + a + \cdots + a = na$

### 3 Σの計算

[1] $\displaystyle\sum_{k=1}^{n} k = 1 + 2 + 3 + \cdots + n = \dfrac{n(n+1)}{2}$

[2] $\displaystyle\sum_{k=1}^{n} k^2 = 1^2 + 2^2 + 3^2 + \cdots + n^2 = \dfrac{n(n+1)(2n+1)}{6}$

[3] $\displaystyle\sum_{k=1}^{n} k^3 = 1^3 + 2^3 + 3^3 + \cdots + n^3 = \left\{\dfrac{n(n+1)}{2}\right\}^2$

(例) $\displaystyle\sum_{k=1}^{n}(2k-1) = \sum_{k=1}^{n} 2k - \sum_{k=1}^{n} 1$
$= 2\displaystyle\sum_{k=1}^{n} k - \sum_{k=1}^{n} 1$
$= 2 \times \dfrac{n(n+1)}{2} - n$
$= n^2$

# 単元別★よく出る過去問

## 1 等差数列の一般項を用いる問題
初項が－6，第6項が19である等差数列の第10項を求めなさい。
　　　　　　　　　　　　　　　　　　　　　　　　＜正答率＞86.7%

## 2 等比数列の公比を求める問題
初項が3，第4項が－24である等比数列の公比を求めなさい。ただし，公比は実数とします。　　　　　　　　　　＜正答率＞78.4%

## 3 Σの公式を用いて和を求める問題
(1) 次の和を求めなさい。
$$\sum_{k=1}^{10}(2k+1)$$
　　　　　　　　　　　　　　　　　　　　　　　　＜正答率＞69.2%

(2) 次の和を求めなさい。
$$\sum_{k=1}^{n}(2k+3)$$
　　　　　　　　　　　　　　　　　　　　　　　　＜正答率＞67.1%

## 4 等差数列・等比数列の和を求める問題
(1) 初項が3，末項が21，項数が8である等差数列の和を求めなさい。
　　　　　　　　　　　　　　　　　　　　　　　　＜正答率＞64.6%

(2) 初項2，公比－2の等比数列の初項から第10項までの和を求めなさい。
　　　　　　　　　　　　　　　　　　　　　　　　＜正答率＞58.6%

# 7 指数関数・対数関数

1次：計算技能対策　PART I　単元別よく出るポイント

## よく出るポイント

### 指数関数・対数関数の基本事項

**1 指数法則**

$a$ を正の実数，$m$，$n$ を整数とするとき，
$$a^m \times a^n = a^{m+n}, \quad a^m \div a^n = a^{m-n}, \quad (a^m)^n = a^{mn}$$

**2 累乗根**

$n$ 乗して実数 $a$ になる数を $\sqrt[n]{a}$ と表す。

（例1）　$\sqrt[3]{8} = 2$

ただし，$n$ が偶数のときは正の数を表す。

（例2）　$\sqrt[4]{81} = 3$

**1** より，$(a^{\frac{1}{n}})^n = a^1$ である。$a^{\frac{1}{n}}$ は $n$ 乗すると $a$ になるので，$a^{\frac{1}{n}} = \sqrt[n]{a}$ となる。同様にして，$\sqrt[m]{a^n} = a^{\frac{n}{m}}$ が成立する。（$m$，$n$ は整数）

（例3）　$\sqrt[3]{4} = \sqrt[3]{2^2} = 2^{\frac{2}{3}}$

**3 対数の関係式**

$a > 0$ かつ $a \neq 1$，$M > 0$，$N > 0$，$b > 0$ のとき，

[1] $\log_a M = x$ のとき，$M = a^x$

[2] $\log_a M + \log_a N = \log_a MN$

[3] $\log_a M - \log_a N = \log_a \dfrac{M}{N}$

[4] $\log_a M^p = p \log_a M$

[5] $\log_a b = \dfrac{\log_c b}{\log_c a}$　　ただし，$c > 0$ かつ $c \neq 1$　（底の変換公式）

**4 対数関数**

$x > 0$，$a > 0$，$a \neq 1$ のとき，$y = \log_a x$ を $a$ を底とする $x$ の対数関数という。

$a > 1$ のとき，対数関数のグラフは単調に増加する。

$0 < a < 1$ のとき，対数関数のグラフは単調に減少する。

（詳しくは，P.36のグラフ参照）

# 単元別★よく出る過去問

**1** 指数法則を用いて式を簡単にする問題
次の式を簡単にしなさい。
$5^5 \times 5^{-3} \div 5^2$       ＜正答率＞ 87.1％

**2** 累乗根の性質を用いて式を簡単にする問題
(1) 次の式を簡単にしなさい。
$\sqrt[3]{3}\sqrt[3]{9}$       ＜正答率＞ 80.5 ％

(2) 次の式を簡単にしなさい。
$\sqrt[3]{a^2} \div a \times a^{\frac{4}{3}}$       ＜正答率＞ 78.7％

(3) 次の計算をしなさい。
$\sqrt[3]{2^4} \div \dfrac{1}{\sqrt{2}} \times \sqrt[6]{2}$       ＜正答率＞ 63.8％

**3** 対数不等式を解く
次の不等式を解きなさい。
$\log_9 x > \dfrac{1}{2}$       ＜正答率＞ 60.3 ％

**4** 対数の性質を用いて変形する問題
$\log_{10} 2 = a$，$\log_{10} 3 = b$ とするとき，$\log_{10} 15$ を $a$，$b$ を用いて表しなさい。
      ＜正答率＞ 32.4％

# 8 図形と方程式

1次：計算技能対策

PART I
単元別よく出るポイント

## よく出るポイント

### 図形と方程式の基本事項

**1 内分点・外分点**

$xy$平面上に2点A$(x_1, y_1)$，B$(x_2, y_2)$をとり，
線分ABを$m:n$の比に内分する点Pの座標は，
$$P\left(\frac{mx_2+nx_1}{m+n}, \frac{my_2+ny_1}{m+n}\right)$$
線分ABを$m:n$の比に外分する点Qの座標は，
$$Q\left(\frac{mx_2-nx_1}{m-n}, \frac{my_2-ny_1}{m-n}\right)$$

内分点 　　　外分点
　　　　　$m>n$のとき　　$m<n$のとき

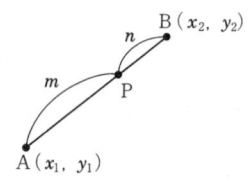

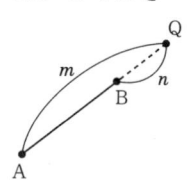

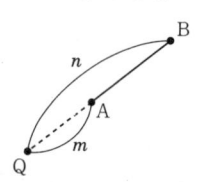

**2 直線の方程式**

点$(x_1, y_1)$を通り，傾き$m$の直線の方程式は，
$$y=m(x-x_1)+y_1$$

**3 円の方程式**

中心$(a, b)$，半径$r$の円の方程式は，
$$(x-a)^2+(y-b)^2=r^2$$
（例） $x$と$y$の方程式$x^2+y^2+2x-4y+1=0$を変形して，
$$(x+1)^2+(y-2)^2=4$$
よって，上の方程式は，中心$(-1, 2)$，半径2の円を表す。

### 単元別★よく出る過去問

**1** 円の中心の座標や円の方程式を求める問題

(1) 2点A(4, −3), B(0, 5)を直径の両端とする円について，次の問いに答えなさい。　　　　　　　　　　　　　　　　＜正答率＞82.5%
　① 中心の座標を求めなさい。
　② この円の方程式を求めなさい。

(2) $x^2 + 8x + y^2 - 2y + 13 = 0$で表される円の中心の座標を求めなさい。
　　　　　　　　　　　　　　　　　　　　　　　　　　　　＜正答率＞75.8%

**2** 円と直線の交点を求める問題

円$(x-2)^2 + (y-1)^2 = 16$と，直線$y = x + 3$との交点の座標を求めなさい。　　　　　　　　　　　　　　　　　　　　　　　　＜正答率＞76.4%

**3** 内分点・外分点を求める問題

(1) 座標平面上に2点A(4, 1), B($a$, $b$)があります。線分ABを1:2に内分する点の座標が(3, −1)であるとき，$a$, $b$の値を求めなさい。　　　　　　　　　　　　　　　　　　　　　　　　＜正答率＞80.8%

(2) 座標平面上に2点A(2, −1), B(−3, 4)があります。このとき，次の問いに答えなさい。　　　　　　　　　　　　　　＜正答率＞71.0%
　① 線分ABを3:2に内分する点の座標を求めなさい。
　② 線分ABを2:1に外分する点の座標を求めなさい。

(3) 座標平面上に2点A(3, −2), B(−5, 6)があります。このとき，次の問いに答えなさい。　　　　　　　　　　　　　　＜正答率＞60.3%
　① 線分ABの中点の座標を求めなさい。
　② 線分ABを2:1に外分する点の座標を求めなさい。

## 9 1次:計算技能対策
## 複素数と方程式

**PART I** 単元別よく出るポイント

### よく出るポイント
### 複素数と方程式の基本事項

**1 虚数単位**

2乗して$-1$になる数を$i$と表し,これを虚数単位という。
したがって,$i^2=-1$が成り立つ。

**2 複素数**

$a$と$b$を実数として,$a+bi$の形で表すことができる数を複素数という。
複素数$a+bi$は,$b=0$のとき実数,$a=0$のとき純虚数になる。

**3 複素数の相等**

$a, b, c, d$を実数とするとき,
$a+bi=c+di \iff a=c$ かつ $b=d$

**4 複素数の計算**

$a, b, c, d$を実数とする。$i^2=-1$に注意すると,
[1] $(a+bi)(c+di)=ac-bd+(ad+bc)i$
[2] $\dfrac{a+bi}{c+di}=\dfrac{(a+bi)(c-di)}{(c+di)(c-di)}=\dfrac{ac+bd+(bc-ad)i}{c^2+d^2}$

(例) $\dfrac{2+i}{1-i}=\dfrac{(2+i)(1+i)}{(1-i)(1+i)}=\dfrac{2+3i+i^2}{1-i^2}=\dfrac{1+3i}{2}$
$=\dfrac{1}{2}+\dfrac{3}{2}i$

### 単元別★よく出る過去問

**1 複素数の計算**

(1) 次の計算をしなさい。ただし,$i$は虚数単位を表します。
$(1+2i)(2-5i)$ 〈正答率〉88.7%

(2) 次の計算をしなさい。ただし,$i$は虚数単位を表します。
$\dfrac{2+3i}{1+2i}-\dfrac{2-3i}{1-2i}$ 〈正答率〉67.1%

(3) 次の計算をし，$a+bi$ の形で答えなさい。ただし，$i$ は虚数単位を表します。　　　　　　　　　　　　　　　　　　　　　　　　　＜正答率＞ 64.3%

$$(3+i)^2+\frac{4}{i}$$

## 2  対称式を用いて式の値を求める問題

$x=\dfrac{-1+\sqrt{2}i}{2}$，$y=\dfrac{-1-\sqrt{2}i}{2}$ とするとき，次の問いに答えなさい。ただし，$i$ は虚数単位を表します。　　　　　＜正答率＞ 88.5%

(1) $x+y$ の値を求めなさい。

(2) $x^2+y^2$ の値を求めなさい。

## 3  複素数の相等

次の等式を満たす実数 $x$，$y$ の値を求めなさい。ただし，$i$ は虚数単位を表します。　　　　　　　　　　　　　　　　　　　　　　　　　＜正答率＞ 74.4%

$$\frac{x+yi}{2+i}=3+2i$$

## 4  高次方程式の解を求める

次の方程式を複素数の範囲で解きなさい。　　　　＜正答率＞ 48.2%
$x^3-1=0$

# 10 微分積分

1次：計算技能対策
PART I
単元別よく出るポイント

## よく出るポイント
### 微分積分の基本事項

**1 微分係数と導関数**

$x$ の関数 $y=f(x)$ の $x=a$ における微分係数 $f'(a)$ は、
$f'(a)=\lim_{h\to 0}\dfrac{f(a+h)-f(a)}{h}$ と定義できる。さらに、$b=a+h$ とおいて、
$f'(a)=\lim_{b\to a}\dfrac{f(b)-f(a)}{b-a}$ と表すこともできる。

この定義により、$a\to f'(a)$ という1対1の対応関係が成立するので、$a$ をすべての実数として動かすと、$x\to f'(x)$ の関数関係が成立する。

この $y=f'(x)$ を $f(x)$ の導関数という。

**2 不定積分**

関数 $f(x)$ について、微分すると $f(x)$ になる関数 $F(x)$ を $f(x)$ の原始関数という。

このとき、$F(x)+C$（$C$ は定数）を $f(x)$ の不定積分といい、$\int f(x)dx=F(x)+C$（$C$ は積分定数）と表す。

（例） $\int x^n dx=\dfrac{x^{n+1}}{n+1}+C$ （$n$ は $-1$ 以外の有理数）

**3 定積分**

関数 $f(x)$ の $a$ から $b$ までの定積分は、$f(x)$ の原始関数を $F(x)$ とすると、
$\int_a^b f(x)dx=\Big[F(x)\Big]_a^b=F(b)-F(a)$ と表せる。

（例） $\int_1^3 x^2 dx=\Big[\dfrac{x^3}{3}\Big]_1^3=\dfrac{3^3-1^3}{3}=\dfrac{26}{3}$

## 単元別 ★ よく出る過去問

### 1 関数を微分する問題
次の関数を $x$ について微分しなさい。　　　　　　＜正答率＞ 88.0％
$$y=(3x+1)^2$$

### 2 不定積分を求める問題
(1) 次の不定積分を求めなさい。　　　　　　＜正答率＞ 73.8％
$$\int (4y^2-y-1)\,dy$$

(2) 関数 $f(x)=x^2-3x-18$ について，不定積分 $\int f(x)dx$ を求めなさい。
　　　　　　＜正答率＞ 62.1％

### 3 定積分を求める問題
(1) 次の定積分を求めなさい。　　　　　　＜正答率＞ 64.9％
$$\int_{-2}^{1}(x^2+3x+1)\,dx$$

(2) 関数 $f(x)=x^2-3x-18$ について，定積分 $\int_{-3}^{6} f(x)dx$ を求めなさい。
　　　　　　＜正答率＞ 62.1％

(3) 次の定積分を求めなさい。　　　　　　＜正答率＞ 60.2％
$$\int_{-3}^{2}(x^2+3x+1)\,dx$$

(4) 次の定積分を求めなさい。　　　　　　＜正答率＞ 53.8％
$$\int_{-2}^{1}(x^2+2x-1)\,dx$$

# 11 ベクトル

1次：計算技能対策　PART I
単元別よく出るポイント

## よく出るポイント
## ベクトルの基本事項

### 1 ベクトルの成分と大きさ
$\vec{a}=(a_1, a_2)$ のとき，$|\vec{a}|=\sqrt{a_1{}^2+a_2{}^2}$
$\vec{a}=(a_1, a_2, a_3)$ のとき，$\sqrt{a_1{}^2+a_2{}^2+a_3{}^2}$

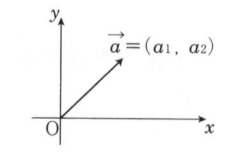

### 2 単位ベクトル
大きさが1のベクトルを単位ベクトルといい，
$\vec{a}=(a_1, a_2)$ のとき，
$\vec{a}$ と同じ向きの単位ベクトル $= \dfrac{\vec{a}}{|\vec{a}|}$
$\qquad\qquad\qquad\qquad\quad = \dfrac{1}{\sqrt{a_1{}^2+a_2{}^2}}(a_1, a_2)$

### 3 ベクトルの内積
2つのベクトル $\vec{a}$ と $\vec{b}$ のなす角を $\theta$ $(0 \leqq \theta \leqq \pi)$ とすると，$\vec{a}$ と $\vec{b}$ の内積は $\vec{a}\cdot\vec{b}=|\vec{a}||\vec{b}|\cos\theta$ と定義できる。
また，内積を成分で表すと次のようになる。 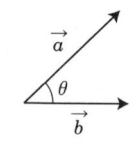
$\vec{a}=(a_1, a_2)$，$\vec{b}=(b_1, b_2)$ のとき，
$\vec{a}\cdot\vec{b}=a_1 b_1 + a_2 b_2$
$\vec{a}=(a_1, a_2, a_3)$，$\vec{b}=(b_1, b_2, b_3)$ のとき，
$\vec{a}\cdot\vec{b}=a_1 b_1 + a_2 b_2 + a_3 b_3$

### 4 2つのベクトルのなす角
2つのベクトル $\vec{a}$ と $\vec{b}$ のなす角を $\theta$ $(0 \leqq \theta \leqq \pi)$ とすると，内積の定義 $\vec{a}\cdot\vec{b}=|\vec{a}||\vec{b}|\cos\theta$ より，$\cos\theta = \dfrac{\vec{a}\cdot\vec{b}}{|\vec{a}||\vec{b}|}$
この $\cos\theta$ の値から $\theta$ を求める。

（例） $\vec{a}=(3, 1)$，$\vec{b}=(2, -1)$ のとき，
$\cos\theta = \dfrac{3\times 2 + 1\times(-1)}{\sqrt{10}\sqrt{5}} = \dfrac{1}{\sqrt{2}}$　　よって，$\theta = \dfrac{\pi}{4}$

## 単元別★よく出る過去問

### 1 ベクトルの成分を求める問題

(1) 座標平面上に2つのベクトル $\vec{a}=(-6, 4)$, $\vec{b}=(x, 6)$ があります。ある実数 $t$ に対して $\vec{a}=t\vec{b}$ となるとき，$x$ の値を求めなさい。
<正答率> 83.6%

(2) 座標平面上に2つのベクトル $\vec{a}=(-1, 3)$, $\vec{b}=(-6, 2)$ があります。次の等式を満たす $\vec{x}$ の成分を求めなさい。　<正答率> 76.7%
$4\vec{x}-2\vec{a}=3\vec{b}$

### 2 ベクトルの内積を求める問題

(1) 座標平面上に2つのベクトル $\vec{a}=(-5, 2)$, $\vec{b}=(3, 7)$ があります。このとき，$\vec{a}$ と $\vec{b}$ の内積を求めなさい。　<正答率> 63.3%

(2) 座標平面上に2つのベクトル $\vec{a}=(3, 2\sqrt{3})$, $\vec{b}=(\sqrt{3}, 9)$ があります。このとき，$\vec{a}$ と $\vec{b}$ の内積を求めなさい。　<正答率> 57.9%

### 3 2つのベクトルのなす角を求める問題

(1) 空間における2つのベクトル $\vec{a}=(3, 2, -4)$, $\vec{b}=(2, 3, 3)$ のなす角を求め，0°から180°の範囲で答えなさい。　<正答率> 57.9%

(2) 座標平面上に2つのベクトル $\vec{a}=(3, 2\sqrt{3})$, $\vec{b}=(\sqrt{3}, 9)$ があります。このとき，$\vec{a}$ と $\vec{b}$ のなす角を求め，0°から180°の範囲で答えなさい。
<正答率> 57.9%

### 4 同じ向きの単位ベクトルを求める問題

ベクトル $\vec{a}=(-1, \sqrt{3})$ と同じ向きの単位ベクトル $\vec{e}$ の成分表示を求めなさい。　<正答率> 35.1%

# 1 三角関数

2次：数理技能対策

**PART I** 単元別よく出るポイント

## よく出るポイント
### 三角関数の基本事項

**1 加法定理**

[1] $\sin(\alpha \pm \beta) = \sin\alpha\cos\beta \pm \cos\alpha\sin\beta$ （複号同順）

[2] $\cos(\alpha \pm \beta) = \cos\alpha\cos\beta \mp \sin\alpha\sin\beta$ （複号同順）

[3] $\tan(\alpha \pm \beta) = \dfrac{\tan\alpha \pm \tan\beta}{1 \mp \tan\alpha\tan\beta}$ （複号同順）

**2 2倍角の公式**

1の[1]から[3]の式において，$\alpha = \beta = \theta$ とおくと，

[1] $\sin 2\theta = 2\sin\theta\cos\theta$

[2] $\cos 2\theta = \cos^2\theta - \sin^2\theta = 2\cos^2\theta - 1 = 1 - 2\sin^2\theta$

[3] $\tan 2\theta = \dfrac{2\tan\theta}{1 - \tan^2\theta}$

**3 和→積の公式**

$\sin A + \sin B = 2\sin\dfrac{A+B}{2}\cos\dfrac{A-B}{2}$

$\sin A - \sin B = 2\cos\dfrac{A+B}{2}\sin\dfrac{A-B}{2}$

$\cos A + \cos B = 2\cos\dfrac{A+B}{2}\cos\dfrac{A-B}{2}$

$\cos A - \cos B = -2\sin\dfrac{A+B}{2}\sin\dfrac{A-B}{2}$

## 単元別★よく出る過去問

**1 加法定理を用いて三角形の形状を求める問題**

△ABCにおいて次の等式が成り立つとき，この三角形はどのような三角形ですか。もっとも適切な名称で答えなさい。　　　　<正答率> 51.1％

$\sin A \cdot \cos B = \sin B \cdot \cos A$

## 2 関係式を用いて等式を証明する問題

次の等式が成り立つことを証明しなさい。ただし、$0° < A < 90°$ とします。

$$\frac{\cos^2 A - \sin^2 A}{1 + 2\sin A \cos A} = \frac{1 - \tan A}{1 + \tan A}$$

<正答率> 40.8%

## 3 和→積の公式を用いて三角形の形状を決定する問題

(1) △ABCにおいて、$\sin 2B = \sin 2C$ が成り立つとき、△ABCはどんな形の三角形になりますか。　　　　　　　　　　　　　　<正答率> 20.2%

(2) △ABCが次の等式を満たすとき、△ABCはどんな形の三角形になりますか。　　　　　　　　　　　　　　　　　　　　　　<正答率> 16.5%

$$\sin C = \frac{\sin A + \sin B}{\cos A + \cos B}$$

## 4 関数の最大・最小を求める問題

$0° \leqq x \leqq 90°$ における $x$ の関数 $f(x) = 3\cos^2 x - 4\sqrt{3}\sin x \cos x - \sin^2 x$ の最大値と最小値を求めなさい。　　　　　　　　　　<新作問題>

## 2 指数関数・対数関数

2次：数理技能対策　PART I　単元別よく出るポイント

### よく出るポイント

## 指数関数・対数関数の基本事項

### 1 対数関数

対数関数 $y = \log_a x$ のグラフは次のようになる。（$a > 0$ かつ $a \neq 1$）

$1 < a$ のとき　　　　　　　　　　　　$0 < a < 1$ のとき

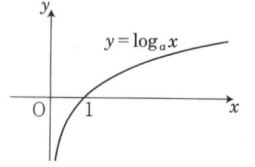

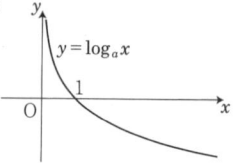

底 $a$ が 1 より大きいとき，単調増加　　底 $a$ が 1 より小さいとき，単調減少

### 2 対数の大小比較

1 より，底 $a$ が 1 より大きいとき，$\log_a x_1 > \log_a x_2 \Leftrightarrow x_1 > x_2$

底 $a$ が 1 より小さいとき，$\log_a x_1 > \log_a x_2 \Leftrightarrow x_1 < x_2$

### 3 正の数の桁数

正の数 $A$ が $n$ 桁の数 $\Leftrightarrow 10^{n-1} \leq A < 10^n \Leftrightarrow n-1 \leq \log_{10} A < n$

（例）　正の数 $A$ の常用対数をとって，

$8 \leq \log_{10} A < 9$ ならば，$10^8 \leq A < 10^9$

よって，$A$ は 9 桁の数

### 単元別★よく出る過去問

#### 1 対数や真数の値を求める問題

水溶液中の水素イオン（$H^+$）の濃度を $[H^+]$ mol/ℓ と表します。水溶液は，$[H^+] > 10^{-7}$ mol/ℓ のとき酸性，$[H^+] = 10^{-7}$ mol/ℓ のとき中性，$[H^+] < 10^{-7}$ mol/ℓ のときアルカリ性を示します。

$[H^+]$ は $1 \sim 10^{-14}$ mol/ℓ という広い範囲で変化するので，10を底とする対数を用いて表示すると便利です。pH（ピーエイチまたはペーハー）を次のように定義すると，水溶液の酸性・中性・アルカリ性を 0 ～ 14 の範囲で表せるので，比較が容易になります。

$$\text{pH} = \log_{10}\frac{1}{[\text{H}^+]}$$

これについて，次の問いに答えなさい。　　　　　　　　　＜正答率＞77.3％

(1) 中性の水溶液のpHを求めなさい。

(2) 秋田県の玉川温泉は強酸性泉でpH＝1.2です。岩手県の大沢温泉はアルカリ性泉でpH＝9.2です。玉川温泉の水素イオン濃度は大沢温泉の水素イオン濃度の何倍ですか。

## 2 対数不等式を解く問題

200万円を年利率20％，1年ごとの複利*で借りました。このまままったく返さないとすると，借金が初めて1000万円を超えるのは何年後ですか。必要ならば，$\log_{10} 2 = 0.3010$，$\log_{10} 3 = 0.4771$ を使いなさい。

＊複利とは，期間の末ごとに利息を元金(借りたもとのお金)に繰り入れ，その合計金額を次の期間の元金として，それに利息をつける方法。　　＜正答率＞48.9％

## 3 桁数を求める問題

正の整数$a$，$b$に対して，$a^2$が9桁であり，$a^2 b^4$が34桁の数であるとします。このとき，次の問いに答えなさい。　　　　　　　　　　　＜正答率＞30.6％

(1) $a$は何桁の数ですか。

(2) $b$は何桁の数ですか。

## 4 対数の大小を求める問題

$1 < a < b < a^2$ とします。$A = \log_a b$，$B = \log_b a$，$C = \log_a \frac{a}{b}$，$D = \log_b \frac{b}{a}$，$E = \frac{1}{2}$ とおくとき，$A$，$B$，$C$，$D$，$E$ を小さいほうから順に並べなさい。　　　　　　　　　　　　　　　　　　　　　　　　　＜正答率＞8.1％

## 3 場合の数と確率

**2次：数理技能対策**
**PART I** 単元別よく出るポイント

### よく出るポイント

## 場合の数と確率の基本事項

### 1 同じものを含む順列

$n$個のものの中に$p$個，$q$個（$0 \leq p$，$0 \leq q$かつ$0 \leq p+q \leq n$）の同じものが含まれているとき，これら$n$個のものを一列に並べるときの順列の総数は，$\dfrac{n!}{p!\,q!}$

（例） 1，1，2，2，2，3の6個の数を一列に並べるときの順列の総数は，1が2個，2が3個同じなので，$\dfrac{6!}{2!\,3!}=60$（通り）

### 2 確率の性質

［1］加法定理
　事象$A$または事象$B$の起こる確率$P(A\cup B)$は，
　$P(A\cup B)=P(A)+P(B)-P(A\cap B)$

［2］反復試行の確率
　1回の試行で事象$A$の起こる確率を$p$とするとき，この試行を$n$回繰り返した場合，これらの試行が互いに独立ならば，
　事象$A$が$r$回起こる確率$={}_nC_r\,p^r(1-p)^{n-r}$　（$0 \leq r \leq n$）

### 3 期待値

変数$X$のとりうる値$x_1$，$x_2$，……，$x_n$とそれぞれの確率$p_1$，$p_2$，……，$p_n$が与えられたとき，$E(X)=x_1p_1+x_2p_2+……+x_np_n$を$X$の期待値という。

### 単元別★よく出る過去問

### 1 カードを引く確率

1から9までの数がそれぞれ1つずつ書かれた9枚のカードがあります。この中から数を見ないで4枚を引くとき，次の問いに答えなさい。

(1) 4枚のカードに書かれた数の積が奇数になる確率を求めなさい。
(2) 4枚のカードに書かれた数の和が奇数になる確率を求めなさい。

〈正答率〉59.4％

## 2 最短経路の問題

右の図のような碁盤の目状の道路があります。縦と横の1区画は同じ距離です。Aさんは P 地点から Q 地点に向かって，B さんは Q 地点から P 地点に向かって，同じ速さで歩きます。二人とも最短の経路を選び，道が別れている地点ではそれぞれの道を同じ確率で選ぶものとします。ただし，点線の部分は通れないものとします。

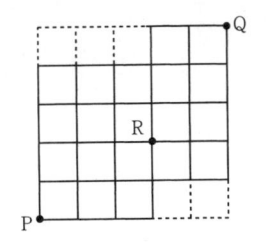

これについて，次の問いに答えなさい。 ＜正答率＞ 13.9％

(1) A さんが R の地点を通る確率を求めなさい。

(2) A さんと B さんが R の地点で出会う確率を求めなさい。


## 3 じゃんけんの問題

7人でじゃんけんをするとき，1回で勝負がつく確率を求めなさい。
＜新作問題＞


## 4 期待値を求める問題

1，2，3，4，5 の数字が書かれた球がそれぞれ 1 個，2 個，3 個，4 個，5 個ずつ袋に入っています。この袋から 1 個の球を取り出して，数を読みそれを袋に戻して再び 1 個取り出します。このとき，2 つの数の和の期待値を求めなさい。
＜新作問題＞

# 4 確率統計

2次：数理技能対策 PART I
単元別よく出るポイント

## よく出るポイント
## 確率統計の基本事項

### 1 確率分布

確率変数 $X$ のとりうる値 $x_i$ ($i=1, 2, 3, \ldots, n$) と $X=x_i$ となる確率 $p_i$ の対応を示したものを確率分布という。

確率分布

| $X$ | $x_1$ | $x_2$ | …… | $x_n$ |
|---|---|---|---|---|
| $p$ | $p_1$ | $p_2$ | …… | $p_n$ |

ただし，$\sum_{i=1}^{n} p_i = 1$

### 2 期待値

確率 $X$ の期待値 $= E(X) = \sum_{i=1}^{n} x_i p_i$ （$x_i$ と $p_i$ は **1** と同じ）

### 3 分散・標準偏差

分散，標準偏差ともに期待値からのばらつきの度合いを示す値である。

分散　　$V(X) = \sum_{i=1}^{n} (x_i - E(X))^2 p_i$

標準偏差　　$\sigma(X) = \sqrt{V(X)}$

と定義する。

また，$V(X) = \sum_{i=1}^{n} (x_i - E(X))^2 p_i$

$= \sum_{i=1}^{n} x_i^2 p_i - 2E(X) \sum_{i=1}^{n} x_i p_i + (E(X))^2 \sum_{i=1}^{n} p_i$

$\sum_{i=1}^{n} p_i = 1$ より，

　　$V(X) = E(X^2) - 2(E(X))^2 + (E(X))^2$

　　　　$= E(X^2) - (E(X))^2$

よって，$V(X) = E(X^2) - (E(X))^2$

と表すこともできる。

### 単元別★よく出る過去問

### 1 平均・分散・標準偏差を求める問題

A，B，Cの硬貨がそれぞれ1枚あります。これら3枚の硬貨を同時に1回投げ，Aが表になった場合1ポイント，Bが表になった場合5ポイント，Cが表になった場合10ポイントが与えられます。裏になった場合，ポイントは与えられません。3枚の硬貨のポイントの和を確率変数$X$として，次の問いに答えなさい。　　　　　　　　　　　　　　　<正答率> 28.7%

(1) 平均$E(X)$を求めなさい。
(2) 分散$V(X)$を求めなさい。
(3) 標準偏差$\sigma(X)$を求めなさい。答えは四捨五入して，小数第1位まで求めなさい。

### 2 確率分布を求める問題

1から5の数が書かれている5枚のカードがあります。この5枚のカードから2枚を抜き出しその2枚のカードの数の差の絶対値を$X$とします。$X$の確率分布を求めなさい。　　　　　　　　　　　　　　　　<新作問題>

### 3 平均と標準偏差を求める問題

赤球6個，白球3個が入っている袋から同時に4個の球を取り出し，その中の赤球の個数を$X$とするとき，$X$の平均と標準偏差を求めなさい。ただし，標準偏差は小数第一位まで求めなさい。　　　　　　　　　　<新作問題>

### 4 平均と分散を求める問題

確率変数$X$は2，5，8，………，$3n-1$の$n$個の値をとります。$X$がそれぞれの値をとる確率は等しいとき，$3X+1$の平均と分散を求めなさい。
　　　　　　　　　　　　　　　　　　　　　　　　　　　　<新作問題>

## 5 式と証明

2次:数理技能対策 PART I
単元別よく出るポイント

### よく出るポイント

## 式と証明の基本事項

### 1 等式の証明

条件を用いて,（左辺）−（右辺）=0 を示す。

（例） $a-b=1$ のとき, $a^3-b^3=1+3ab$ を証明する。

$$
\begin{aligned}
(左辺)-(右辺) &= a^3-b^3-1-3ab \\
&= (a-b)^3+3ab(a-b)-1-3ab \\
&= 1+3ab-1-3ab \quad \leftarrow a-b=1 \\
&= 0
\end{aligned}
$$

よって,（左辺）=（右辺）

### 2 不等式の証明

[1] $A \geqq B \Leftrightarrow A-B \geqq 0$

$A-B$ を変形して,（実数）$^2$ の形に変形してから $A-B \geqq 0$ を示す。

（例） $a^2-ab+b^2 \geqq 0$ を証明する。

$$a^2-ab+b^2 = \left(a-\frac{b}{2}\right)^2 + \frac{3}{4}b^2$$

$\left(a-\dfrac{b}{2}\right)^2 \geqq 0$ かつ $b^2 \geqq 0$ より,

$a^2-ab+b^2 \geqq 0$

等号成立は $a-\dfrac{b}{2}=0$ かつ $b=0$ のときなので,

$a=b=0$ のとき等号成立。

[2] 相加・相乗平均の関係

$a>0$, $b>0$ のとき,

$\dfrac{a+b}{2} \geqq \sqrt{ab}$ （等号成立は $a=b$ のとき）

が成立する。

## 単元別 ★ よく出る過去問

### 1 左辺と右辺の差＝(実数)² の形に変形する問題

(1) $a, b, c$ を実数とするとき，下の不等式について，次の問いに答えなさい。

$$a^2 + 3b^2 + 5c^2 \geq a + 3b + 5c - \frac{9}{4}$$ 　　　＜正答率＞ 46.8%

　① 上の不等式が成り立つことを証明しなさい。
　② 等号が成り立つ条件を求めなさい。

(2) $a>0, b>0$ のとき，下の不等式について，次の問いに答えなさい。

$$\frac{a^2}{b} + \frac{b^2}{a} \geq a + b$$ 　　　＜正答率＞ 40.5%

　① 上の不等式が成り立つことを証明しなさい。
　② 等号が成り立つ条件を求めなさい。

(3) 下の不等式について，次の問いに答えなさい。

$$a^2 + 2b^2 + 3c^2 \geq a + 2b + 3c - \frac{3}{2}$$ 　　　＜正答率＞ 32.2%

　① 上の不等式が成り立つことを証明しなさい。
　② 等号が成り立つ条件を求めなさい。

### 2 条件式を用いて証明する問題

$a_1 \leq a_2, b_1 \leq b_2$ のとき，下の不等式について，次の問いに答えなさい。

$$(a_1 + a_2)(b_1 + b_2) \leq 2(a_1 b_1 + a_2 b_2)$$ 　　　＜正答率＞ 47.4%

(1) 上の不等式が成り立つことを証明しなさい。
(2) 等号が成り立つ条件を求めなさい。

### 3 場合分けをして証明する問題

下の不等式について，次の問いに答えなさい。ただし，$n$ を正の整数とし，$a>0, b>0$ とします。

$$a^n + b^n \geq a^{n-1}b + ab^{n-1}$$ 　　　＜正答率＞ 15.5%

(1) 上の不等式が成り立つことを証明しなさい。
(2) 等号が成り立つ条件を求めなさい。

## 6 複素数と方程式

2次：数理技能対策　PART I
単元別よく出るポイント

### よく出るポイント

## 複素数と方程式の基本事項

### 1　2数の和と積

2つの数 $a$ と $b$ は，$x$ の2次方程式 $x^2-(a+b)x+ab=0$ の2解，すなわち2つの数の和と積を求めれば2次方程式をつくり，その2つの数を求めることができる。

（例）　$a+b=2$，$ab=4$ を満たす $a$ と $b$ の値を求める。
　　　$a$ と $b$ は $x^2-2x+4=0$ の2解なので，
　　　解の公式より，$x=1\pm\sqrt{3}\,i$（$i$ は虚数単位）
　　　よって，$(a, b)=(1\pm\sqrt{3}\,i, 1\mp\sqrt{3}\,i)$（複号同順）

### 2　3次方程式の解と係数の関係

$ax^3+bx^2+cx+d=0$（$a, b, c, d$ は実数）の解を $\alpha, \beta, \gamma$ とすると，

$\alpha+\beta+\gamma=-\dfrac{b}{a}$，$\alpha\beta+\beta\gamma+\gamma\alpha=\dfrac{c}{a}$，$\alpha\beta\gamma=-\dfrac{d}{a}$

### 3　高次方程式の有理数解

$a_1, a_2, \cdots\cdots, a_n$ は整数とする。

$x$ の $n$ 次方程式 $a_1 x^n+a_2 x^{n-1}+\cdots\cdots+a_n=0$（$a_1\neq 0$）

この $n$ 次方程式の有理数の解は，$\dfrac{a_n \text{の約数}}{a_1 \text{の約数}}$ の中に必ずある。

（例）　$x$ の3次方程式 $2x^3+x^2+x-1=0$ を解く。

$\dfrac{1\text{の約数}}{2\text{の約数}}=\dfrac{\pm 1}{\pm 1, \pm 2}=\pm 1, \pm\dfrac{1}{2}$

この4つの数の中で方程式を満たすのは，$x=\dfrac{1}{2}$

よって，与式は $(2x-1)(x^2+x+1)=0$ と変形できるので，

解は $\dfrac{1}{2}$，$\dfrac{-1\pm\sqrt{3}\,i}{2}$

# 単元別 ★ よく出る過去問

## 1 和と積より2つの数を求める問題
次の連立方程式の複素数解 $(x, y)$ をすべて求めなさい。
$$\begin{cases} x+y+xy=5 \\ x^2y+xy^2=6 \end{cases}$$
<正答率> 32.4%

## 2 3次方程式の解と係数の関係を用いる問題
$x^3-2x^2+ax+b=0$ が $2+\sqrt{3}$ を1つの解にもつとき、有理数 $a$ と $b$ の値を求め、残りの2つの解を求めなさい。  <新作問題>

## 3 方程式の解の条件を用いる問題
$x$ の2次方程式 $x^2-x+1=0$ の2つの解を $\alpha$、$\beta$ として、$a_n=\alpha^n+\beta^n$ ($n$ は正の整数)とします。このとき、$a_{n+1}$ を $a_n$ と $a_{n-1}$ を用いて表しなさい。  <新作問題>

## 4 2次方程式に置き換える問題
$f(x)=x^2+\dfrac{1}{x^2}-8x-\dfrac{8}{x}+18$ とおく。$f(x)=a$ の実数解の個数を求めなさい。ただし、$x>0$、$a$ は実数とします。また、重解は1つの解とみなします。  <新作問題>

# 7 図形と方程式

2次：数理技能対策

**PART I** 単元別よく出るポイント

## よく出るポイント
## 図形と方程式の基本事項

### 1 領域と最大・最小

$x$ と $y$ がある不等式を満たすとき，$px+qy$（$p$ と $q$ は定数で $q \neq 0$）の最大値と最小値は次のように求める。

① 条件を満たす領域 $D$ を図示する。
② $px+qy=k$ とおく。
③ 直線 $px+qy=k$ を領域 $D$ と共有点をもつように動かしたときの $y$ 切片 $\dfrac{k}{q}$ の最大・最小を調べて，次に $k$ の最大値・最小値を求める。

### 2 軌跡

与えられた条件を満たす点全体の集合を，その点の軌跡という。
軌跡の方程式を求める手順は，
① 与えられた条件を満たす点を $(X, Y)$ とおく。
② 条件を満たすような $X$ と $Y$ の関係式を求める。
③ ②で与えられた軌跡の方程式を表す図形 $C$ をかく。
④ 図形 $C$ 上のすべての点が与えられた条件を満たすかどうかを調べ，満たしていない点は除く。

## 単元別★よく出る過去問

**1 領域と最大・最小**

2つの放物線 $y=x^2$ と $y=-x^2+2x+4$ で囲まれた領域(境界を含む)を $S$ とします。このとき,次の問いに答えなさい。　　　<正答率> 31.2%

(1) 領域 $S$ を図示しなさい。

(2) 領域 $S$ に含まれる点 $(x, y)$ について, $x+y$ の最大値と最小値を求めなさい。

**2 軌跡を求める問題**

原点を O として,放物線 $y=-x^2$ 上に2点 A, B を $\angle\text{AOB}=90°$ となるようにとります。点 A が放物線上を動くとき, $\triangle\text{AOB}$ の重心の座標の軌跡を求めなさい。　　　<新作問題>

**3 直線に関する対称点を用いる問題**

平面上に2点 A(1, 7), B(6, 0) と直線 $x+y=2\cdots$① があります。直線①上に点 P をとり, AP+PB が最小となるような点 P の座標を求めなさい。　　　<新作問題>

# 8 2次：数理技能対策 数列

PART I
単元別よく出るポイント

## よく出るポイント
## 数列の基本事項

**1 階差数列**

数列 $\{a_n\}$ の隣り合う2項の差 $a_{n+1}-a_n$（$n=1, 2, 3$……）を項とする数列 $\{b_n\}$ を，数列 $\{a_n\}$ の階差数列という。（ただし，$b_n = a_{n+1} - a_n$）

$a_1, a_2, a_3, a_4, \cdots\cdots, a_{n-1}, a_n$
$\quad b_1, b_2, b_3, b_4, \cdots\cdots, b_{n-1}$

$n \geq 2$ のとき，$a_n = a_1 + \sum_{k=1}^{n-1} b_k$

**2 数学的帰納法**

自然数 $n$ についての命題 $P$ がすべての自然数 $n$ について成立することを証明するための証明法を数学的帰納法という。

[1] 条件を満たす最小の自然数 $n$ について，命題 $P$ が成立することを示す。

[2] $n=k$ のとき，命題 $P$ が成り立つことを仮定して，$n=k+1$ のときも命題 $P$ が成立することを示す。

## 単元別★よく出る過去問

### 1 数学的帰納法

$a_1 = 1, a_{n+1} = \dfrac{a_n}{n} + n$ で定められる数列 $\{a_n\}$ があります。これについて，次の問いに答えなさい。　　　　　　　　　　　　　　　　　　　　＜正答率＞ 11.0%

(1) $a_2, a_3, a_4$ を求めなさい。

(2) 第 $n$ 項 $a_n$ を推測し，それが正しいことを証明しなさい。

## 2 分数の数列

$n$は自然数として数列$\{a_n\}$が$\sum_{k=1}^{n}\dfrac{1}{a_k}=\dfrac{n(n+1)(n+2)}{3}$を満たしているとき，一般項$a_n$を求めなさい。 <新作問題>

## 3 群数列

数列$\dfrac{1}{1}$，$\dfrac{1}{2}$，$\dfrac{2}{2}$，$\dfrac{1}{3}$，$\dfrac{2}{3}$，$\dfrac{3}{3}$，$\dfrac{1}{4}$，$\dfrac{2}{4}$，$\dfrac{3}{4}$，$\dfrac{4}{4}$，$\dfrac{1}{5}$，$\dfrac{2}{5}$，$\dfrac{3}{5}$，$\dfrac{4}{5}$，$\dfrac{5}{5}$，$\dfrac{1}{6}$，……において第1000項を求めなさい。 <新作問題>

## 4 漸化式を解く問題

$a_1=2$，$a_{n+1}=3a_n+2^n$（$n=1, 2, 3, \cdots\cdots$）を満たす数列$\{a_n\}$の一般項を求めなさい。 <新作問題>

## 9 2次：数理技能対策 ベクトル PART I

単元別よく出るポイント

### よく出るポイント
## ベクトルの基本事項

**1** 交点の位置ベクトル

同一平面上の任意のベクトル$\vec{p}$は平行でない2つのベクトル$\vec{a}$と$\vec{b}$で$\vec{p}=s\vec{a}+t\vec{b}$の形に表せる。

2直線の交点をPとすると，点Pの位置ベクトル$\vec{p}$は2直線の双方の上にあるので，$\vec{p}=s\vec{a}+t\vec{b}$ および $\vec{p}=u\vec{a}+v\vec{b}$ と2通りで表せる。$s\vec{a}+t\vec{b}=u\vec{a}+v\vec{b}$ で $\vec{a}$ と $\vec{b}$ は平行でないので，$s=u$ かつ $t=v$ この2式より$s$と$t$の値を求め，$\vec{p}$の位置ベクトルを求める。

**2** 三角形の重心の位置ベクトル

△ABCの重心Gの位置ベクトルは4点A，B，C，Gの位置ベクトルをそれぞれ$\vec{a}$, $\vec{b}$, $\vec{c}$, $\vec{g}$とおくと，$\vec{g}=\dfrac{\vec{a}+\vec{b}+\vec{c}}{3}$

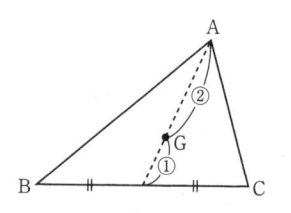

**3** 点Pが平面ABC上にあるための条件

点A，B，C，Pの位置ベクトルをそれぞれ$\vec{a}$, $\vec{b}$, $\vec{c}$, $\vec{p}$とすると，$\vec{p}=s\vec{a}+t\vec{b}+u\vec{c}$, $s+t+u=1$と表せる。

### 単元別★よく出る過去問

**1** 直線の交点の位置ベクトルを求める問題

右の図のように，平行四辺形ABCDの辺BCの中点をEとし，DEを1：4に内分する点をFとします。AFの延長と辺DCとの交点をPとします。$\overrightarrow{AB}=\vec{a}$, $\overrightarrow{AD}=\vec{b}$とするとき，次の問いに答えなさい。　　　　　　＜正答率＞50.4%

(1) $\overrightarrow{AF}$を$\vec{a}$, $\vec{b}$を用いて表しなさい。

(2) DP：PCを求めなさい。

## 2 平面ABC上の点の位置ベクトルを求める問題

空間に4点A(3, −2, 4), B(−1, 3, 6), C(5, 1, −3), P(13, −9, $a$)があります。点Pが，3点A，B，Cが定める平面上にあるように$a$の値を定めなさい。　　　　　　　　　　<正答率> 31.0％

## 3 三角形の重心の位置ベクトルを用いる問題

右の図のように，△ABCの内部(辺を含まない)に点Pをとり，PとA，PとB，PとCをそれぞれ結びます。△PBC，△PCA，△PABの重心をそれぞれD，E，Fとします。定点Oを原点としたときの点A，B，C，Pの位置ベクトルをそれぞれ$\vec{a}$，$\vec{b}$，$\vec{c}$，$\vec{p}$とするとき，次の問いに答えなさい。　　　　　　　　<正答率> 12.8％

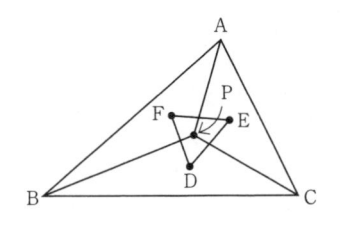

(1) $\vec{OD}$を$\vec{a}$，$\vec{b}$，$\vec{c}$，$\vec{p}$のうち必要なものを用いて表しなさい。
(2) $\vec{DE}$を$\vec{a}$，$\vec{b}$，$\vec{c}$，$\vec{p}$のうち必要なものを用いて表しなさい。
(3) △ABCの面積を$S$とするとき，△DEFの面積を$S$を用いて表しなさい。

## 4 平行でない2つのベクトルを用いて位置ベクトルを求める問題

△OABにおいて，$\vec{OA}=\vec{a}$，$\vec{OB}=\vec{b}$とし，∠AOB＝60°，$|\vec{a}|=3$，$|\vec{b}|=4$とします。辺OAの中点を通りOAに垂直な直線と，辺OBの中点を通りOBに垂直な直線との交点をQとします。このとき，$\vec{OQ}$を$\vec{a}$，$\vec{b}$を用いて表しなさい。　　　　　　　　　　　　　<正答率> 12.2％

## 10 微分積分

2次：数理技能対策 　　　PART I
単元別よく出るポイント

### よく出るポイント
### 微分積分の基本事項

**1 接線の方程式**

$y=f(x)$ 上の点 $(a, f(a))$ における接線の方程式は，
$y=f'(a)(x-a)+f(a)$
これは傾き $f'(a)$，点 $(a, f(a))$ を通る直線である。

**2 極値**

$y=f(x)$ の極値は，$f'(x)=0$ を解いて実数解 $α$ を求めると，$x=α$ の前後で $f'(x)$ の符号が正から負に変わるとき，$f(x)$ は $x=α$ で極大になるといい，$f(α)$ を極大値という。
また，$x=α$ の前後で $f'(x)$ の符号が負から正に変わるとき，$f(x)$ は $x=α$ で極小になるといい，$f(α)$ を極小値という。

**3 面積**

$y=f(x)$ と $y=g(x)$ が $x=α$, $β$ $(α<β)$ で交わるとき，
2つのグラフで囲まれた面積 $S=\int_{α}^{β} | f(x)-g(x) | dx$

便利な公式としては，$\int_{α}^{β}(x-α)(x-β)dx = -\dfrac{(β-α)^3}{6}$

放物線と直線，または放物線と放物線で囲まれた部分の面積を求めるときに便利である。

### 単元別★よく出る過去問

**1 極値をもつ条件を用いる問題**

関数 $f(x)=x^3+3x^2+ax+b$ について，次の問いに答えなさい。

&lt;正答率&gt; 72.7 %

(1) 関数 $f(x)$ が $x=1$ で極値をもつように $a$ の値を定めなさい。

(2) (1)のとき，極大値と極小値の差を求めなさい。

## 2  2つの図形で囲まれた面積を求める問題

座標平面上に，$y=x^2-2x+4$ で表される放物線 $g$ と，放物線 $g$ 上の点 $(2,4)$ における接線 $\ell$ があります。このとき，次の問いに答えなさい。

<正答率> 54.8％

(1) 接線 $\ell$ の方程式を求めなさい。

(2) 放物線 $g$ と接線 $\ell$ および $y$ 軸とで囲まれた部分の面積を求めなさい。

## 3  関数決定問題

$f(x)=\int_{-1}^{1}(4x-2t)f(t)dt+3$ を満たす関数 $f(x)$ を求めなさい。

<正答率> 5.4％

## 11 思考力を問う問題・作図

2次：数理技能対策　PART I　単元別よく出るポイント

### よく出るポイント

### 思考力を問う問題・作図の基本事項

**1 非定型的な問題の考え方**

2級2次検定における非定型的な問題を考える方針は次の通り。

［1］問題文をよく読み，その問題の背景や本質をつかんで，別の事柄に置き換えて考えてみる。また，いくつかの事象が起こる場合に，1つの場合の矛盾を調べて他の場合を類推することも大切である。

［2］一定の規則に従って場合分けを考えて，もれがないようにする。

**2 作図**

条件を満たすような点のとり方を的確に見つけ，図示する。また，境界を含むかどうかの吟味も必ず行い，図にかく。

（例）　$\overrightarrow{AP} \cdot \overrightarrow{BP} = 0$　⇔　A＝P または B＝P または AP⊥BP

　　　　　　　　　　　⇔　点Pは線分ABを直径とする円をえがく。

### 単元別★よく出る過去問

**1 複数の場合分けをして条件に合う場合を求める問題**

下の枠内の文をよく読んで，□にあてはまる数字を，矛盾が生じないようにすべて求めなさい。「1が□個」というのは，枠内に1という数字が□個あることを意味し，枠内の□に入れた数字の個数も数えます。ただし，□には1から9までの数字が入るものとします。　　　　　　　　　＜正答率＞ 49.0％

> この枠内には，
> 　　1が□個　2が□個　3が□個　4が□個　5が□個
> 　　6が□個　7が□個　8が□個　9が□個
> あります。

## 2 近似値を求める問題

次の①〜③の手順にしたがって計算すると，正の数 $x$ の平方根 $\sqrt{x}$ の近似値を求めることができます。

① $0 < a < \sqrt{x} < b$ で，$ab = x$ を満たす有理数 $a$，$b$ をとる。
② $a_1 = \dfrac{2ab}{a+b}$，$b_1 = \dfrac{a+b}{2}$ とおく。
③ $a_k$，$b_k$ が定まったとき，$a_{k+1} = \dfrac{2a_k b_k}{a_k + b_k}$，$b_{k+1} = \dfrac{a_k + b_k}{2}$ （$k = 1$，2，3，……）とおく。

$x = 2$ に対して，①で $a = 1$，$b = 2$ とします。$k = 1$，2，3のそれぞれについて $a_k$ および $b_k$ の値を小数で表して比較すると，$a_k$ と $b_k$ は何の位まで等しいですか。
&lt;正答率&gt; 38.1%

## 3 問題の本質をつかんで別の事柄に置き換える問題

ある商店で1個500円の商品を売っています。500円硬貨を1枚ずつ持った人が5人と，1000円札を1枚ずつ持った人が5人，その商品を1個ずつ買いたいと思っています。

その日，その商店はおつりを用意していませんでした。そのため，たとえば500円硬貨を持った人が2人来るより先に，1000円札を持った人が2人来ると，おつりが払えなくなってしまいます。

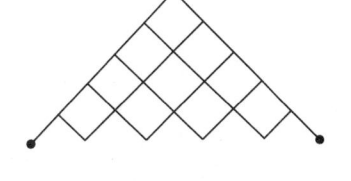

このとき，この商店でおつりが払えるようなお客さんの来かたは何通りありますか。必要ならば右の図を活用して答えなさい。ただし，500円硬貨を持っているか，1000円札を持っているか以外，お客さんの区別はしないものとします。
&lt;正答率&gt; 32.8%

# 第1回 実用数学技能検定

# 2級
## 1次：計算技能検定

---検定上の注意---

1. 検定開始の合図があるまで問題用紙を開かないでください。
2. 検定時間は**60分**です。
3. 解答用紙の**氏名・受検番号・住所**などの記入欄は，書きもれのないように必ず書いてください。
4. この表紙の下の欄に，受検番号・氏名を書いてください。
5. **電卓・ものさし・コンパス・分度器**を使用することができません。
6. **携帯電話**は電源を切り，検定中に使用しないでください。
7. **解答用紙**には答えだけを書いてください。
8. 答えが分数になるとき，約分してもっとも簡単な分数にしてください。
9. 答えに根号が含まれるとき，根号の中の数はもっとも小さい正の整数にしてください。
10. 問題用紙に乱丁・落丁がありましたら，検定監督官に申し出てください。
11. 検定終了後，この問題用紙は解答用紙と一緒に回収します。必ず検定監督官に提出してください。

＜個人情報にかかわる取り扱いについて＞
　当協会は，個人情報の収集を「実用数学技能検定の受検申し込み，資料請求申し込み，情報サービス申し込み，本人確認など」の範囲内で行います。
　当協会では，個人情報の適正な取り扱いを定めた「個人情報の保護に関する法律」の原則に基づき，個人情報を厳重に管理するとともに，下記の目的で使用することがあります。
1. 実用数学技能検定に合格または受検したことを証明し，その記録を保存するとき
2. 実用数学技能検定に関する情報を提供するとき
3. 受検者サービスのために合格者の氏名・都道府県名を公表するとき
4. 当協会と機密保持契約を締結している協力団体，提携会社および業務委託会社に対して個人情報を開示するとき（上記の関係団体に対し，個人情報に関する諸規定を遵守し，その管理を行うという契約条項を義務づけてあります。）

| 受検番号 | － | 氏　名 | |

## 財団法人　日本数学検定協会

[2級]　　　1次：計算技能検定

問題1．次の式を展開して計算しなさい。
$$(3x-y)^3$$

問題2．次の式を因数分解しなさい。
$$x^2+(y+1)x-(2y-1)(y-2)$$

問題3．次の計算をしなさい。
$$\frac{\sqrt{2}}{\sqrt{3}-1}-\frac{\sqrt{6}}{\sqrt{3}+1}$$

問題4．$A$が鋭角で$\cos A=\dfrac{1}{2}$のとき，$\sin A$の値を求めなさい。

問題5．大小2つのさいころを同時に振るとき，出る目の数の和が6になる確率を求めなさい。

問題6．右の図のような，AB＝6，AC＝4である△ABCがあります。∠Aの二等分線と辺BCとの交点をPとするとき，BP：PCをもっとも簡単な整数の比で表しなさい。

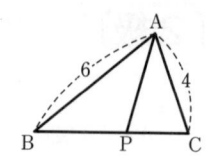

問題7．次の2次不等式を解きなさい。

$$9x^2-6x-1>0$$

問題8．円 $x^2+y^2-2x=3$ の半径を求めなさい。

問題9．次の等式を満たす $a,\ b$ の値を求めなさい。ただし，$a,\ b$ は実数で，$i$ は虚数単位を表します。

$$\frac{2+i}{2-i}=a+bi$$

問題10．初項16，公差－2である等差数列の第8項を求めなさい。

問題11. 次の方程式を解きなさい。

$$(\log_2 x)^2 - \log_2 x - 6 = 0$$

問題12. 次の式を $r\sin(\theta+\alpha)$ の形に変形しなさい。ただし，$-\pi < \alpha \leqq \pi$ とします。

$$\sqrt{3}\sin\theta - \cos\theta$$

問題13. 次の等式が $x$ についての恒等式となるように，定数 $a$, $b$, $c$ の値を定めなさい。

$$a(x+1)^2 + b(x+2) + c = 2x^2 - 3x - 5$$

問題14. 関数 $f(x) = x^3 + x$ について，次の問いに答えなさい。

① 導関数 $f'(x)$ を求めなさい。

② 微分係数 $f'(-1)$ を求めなさい。

問題15. 空間に2点 $A(1, -4, 3)$, $B(0, 3, -4)$ があります。これについて，次の問いに答えなさい。

① $\overrightarrow{AB}$ を成分表示しなさい。

② $\overrightarrow{AB}$ の大きさを求めなさい。

# 第1回 実用数学技能検定

## 2級
### 2次：数理技能検定

---

### 検定上の注意

1. 検定開始の合図があるまで問題用紙を開かないでください。
2. 検定時間は**90分**です。
3. 解答用紙の**氏名・受検番号・住所**などの記入欄は，書きもれのないように必ず書いてください。
4. この表紙の下の欄に，受検番号・氏名を書いてください。
5. **電卓**を使用することができます。
6. **携帯電話**は電源を切り，検定中に使用しないでください。
7. 解答はすべて**解答用紙**（No.1，No.2，No.3）に書き，解法の過程がわかるように記述してください。ただし，問題文に特別な指示がある場合は，それにしたがってください。
8. 問題1〜5は選択問題です。3題を選択して，選択した問題の番号の〇をぬりつぶし，解答してください。4題以上解答した場合は採点されませんので，注意してください。問題6・7は，必須問題です。
9. 問題用紙に乱丁・落丁がありましたら，検定監督官に申し出てください。
10. 検定終了後，この問題用紙は解答用紙と一緒に回収します。必ず検定監督官に提出してください。

---

＜個人情報にかかわる取り扱いについて＞

当協会は，個人情報の収集を「実用数学技能検定の受検申し込み，資料請求申し込み，情報サービス申し込み，本人確認など」の範囲内で行います。

当協会では，個人情報の適正な取り扱いを定めた「個人情報の保護に関する法律」の原則に基づき，個人情報を厳重に管理するとともに，下記の目的で使用することがあります。

1. 実用数学技能検定に合格または受検したことを証明し，その記録を保存するとき
2. 実用数学技能検定に関する情報を提供するとき
3. 受検者サービスのために合格者の氏名・都道府県名を公表するとき
4. 当協会と機密保持契約を締結している協力団体，提携会社および業務委託会社に対して個人情報を開示するとき（上記の関係団体に対し，個人情報に関する諸規定を遵守し，その管理を行うという契約条項を義務づけてあります。）

---

| 受検番号 | － | 氏 名 | |

## 財団法人 日本数学検定協会

[2級]　　　2次：数理技能検定

問題1．（選択）
　　大人12人と子ども9人でホームパーティをすることになりました。この中から，パーティの準備をする人を6人選びます。このとき，次の問いに答えなさい。
（1）　大人6人でパーティの準備をするとき，準備をする人の選び方は全部で何通りありますか。

（2）　大人も子どもも必ず選ばれるようにするとき，準備をする人の選び方は全部で何通りありますか。

問題2．（選択）
　　AB＝4，AC＝6，∠A＝120°である△ABCがあります。∠Aの二等分線と辺BCとの交点をDとするとき，線分AD，BDの長さを求めなさい。

問題3．（選択）
　　3次方程式
　　　$x^3 + ax^2 + bx + 1 = 0$　　（$a$，$b$は実数）
が $x = 1 + i$ を解にもつとき，$a$，$b$ の値を求めなさい。

**問題4．**（選択）

初項が0，末項が100で，初項と末項の間に $n$ 個の項がある等差数列があります。これら $(n+2)$ 個の数の和が800になるようにするとき，$n$ の値を求めなさい。

**問題5．**（選択）

0以上の整数Aについて，Aを3でわったときのあまりを＜A＞で表すことにします。たとえば，＜4＞＝1，＜8＞＝2，＜12＞＝0です。このとき，次の問いに答えなさい。この問題は答えだけを書いてください。　　　　　　　　　　　　　　　　　　　　　　　　（整理技能）

(1) ＜1＞＋＜2＞＋＜3＞＋＜4＞＋＜5＞＋＜6＞＋＜7＞＋＜8＞＋＜9＞を求めなさい。

(2) ＜＜1＞＋＜2＞＋＜3＞＋＜4＞＋＜5＞＋＜6＞＋＜7＞＋＜8＞＋＜9＞＞を求めなさい。

(3) $a$ を正の整数とするとき，＜$4+a$＞＝＜4＞＋＜$a$＞が成り立つような $a$ はどのような数ですか。

**問題6．**（必須）

整数 $n$ について，$n$ が奇数ならば，$n^3-1$ は偶数であることを証明しなさい。（証明技能）

**問題7．**（必須）

下の等式を満たすような，関数 $f(x)$ と定数 $a$ の値を求めなさい。

$$\int_a^x f(t)\,dt = 6x^2 - 5x - 6$$

# 第2回 実用数学技能検定

# 2 級
## 1次：計算技能検定

---検定上の注意---

1. 検定開始の合図があるまで問題用紙を開かないでください。
2. 検定時間は**60分**です。
3. 解答用紙の**氏名・受検番号・住所**などの記入欄は，書きもれのないように必ず書いてください。
4. この表紙の下の欄に，受検番号・氏名を書いてください。
5. **電卓・ものさし・コンパス・分度器**を使用することはできません。
6. **携帯電話**は電源を切り，検定中に使用しないでください。
7. **解答用紙**には答えだけを書いてください。
8. 答えが分数になるとき，約分してもっとも簡単な分数にしてください。
9. 答えに根号が含まれるとき，根号の中の数はもっとも小さい正の整数にしてください。
10. 問題用紙に乱丁・落丁がありましたら，検定監督官に申し出てください。
11. 検定終了後，この問題用紙は解答用紙と一緒に回収します。必ず検定監督官に提出してください。

<個人情報にかかわる取り扱いについて>
　当財団は，個人情報の収集を「実用数学技能検定の受検申し込み，資料請求申し込み，情報サービス申し込み，本人確認など」の範囲内で行います。
　当財団では，個人情報の適正な取り扱いを定めた「個人情報の保護に関する法律」の原則に基づき，個人情報を厳重に管理するとともに，下記の目的で使用することがあります。
1. 実用数学技能検定に合格または受検したことを証明し，その記録を保存するとき
2. 実用数学技能検定に関する情報を提供するとき
3. 受検者サービスのために合格者の氏名・都道府県名を公表するとき
4. 当財団と機密保持契約を締結している協力団体，提携会社および業務委託会社に対して個人情報を開示するとき（上記の関係団体に対し，個人情報に関する諸規定を遵守し，その管理を行うという契約条項を義務づけてあります。）

| 受検番号 | － | 氏 名 | |
|---|---|---|---|

## 財団法人 日本数学検定協会

〔2級〕　　　1次：計算技能検定

問題1．次の式を展開して計算しなさい。

$$(x-1)(x^2+x+1)$$

問題2．次の式を因数分解しなさい。

$$1000x^3+300x^2+30x+1$$

問題3．$x=2+\sqrt{2}$ とするとき，次の式の値を求めなさい。

$$x+\frac{2}{x}$$

問題4．△ABCにおいて，∠A＝30°，∠B＝45°，BC＝1のとき，CAの長さを求めなさい。

問題5．次の計算をしなさい。ただし，「！」は階乗を表します。

$$\frac{12!}{10!}$$

**問題6．** 2次関数 $y=2x^2-8x+8$ について，$y$ の最小値を求めなさい。

**問題7．** 放物線 $y=x^2+4kx+7k^2-4k-4$ （$k$ は定数）が $x$ 軸と共有点をもつような定数 $k$ の値の範囲を求めなさい。

**問題8．** 2点 $A(2, 4)$，$B(5, -2)$ を結ぶ線分ABを $2:1$ に内分する点の座標を求めなさい。

**問題9．** 次の計算をしなさい。ただし，$i$ は虚数単位を表します。

$$(3+2i)(3-2i)$$

**問題10．** 初項 1，第2項 $a$ の等差数列の第3項を求めなさい。

問題11. 次の計算をしなさい。

$$\sqrt[3]{9} \times \sqrt[3]{81}$$

問題12. 次の値を求めなさい。

$$\cos 75°$$

問題13. 次の方程式を解きなさい。

$$x^3 - 2x^2 - 4x + 8 = 0$$

問題14. 空間に2つのベクトル $\vec{a}=(-4, 3, 5)$ と $\vec{b}=(3, 4, 0)$ があります。このとき、次の問いに答えなさい。
① $\vec{a}$ と $\vec{b}$ の内積 $\vec{a}\cdot\vec{b}$ を求めなさい。

② $\vec{a}$ と $\vec{b}$ のなす角 $\theta$ を求めなさい。ただし、$0°\leqq\theta\leqq 180°$ とします。

問題15. 関数 $f(x)=x^3-3x+2$ について、次の問いに答えなさい。
① 導関数 $f'(x)$ を求めなさい。

② $x=2$ における微分係数 $f'(2)$ の値を求めなさい。

# 第2回 実用数学技能検定

## 2級
### 2次：数理技能検定

---
**検定上の注意**

1. 検定開始の合図があるまで問題用紙を開かないでください。
2. 検定時間は**90分**です。
3. 解答用紙の**氏名・受検番号・住所**などの記入欄は，書きもれのないように必ず書いてください。
4. この表紙の下の欄に，受検番号・氏名を書いてください。
5. **電卓**を使用することができます。
6. **携帯電話**は電源を切り，検定中に使用しないでください。
7. 解答はすべて**解答用紙**（No.1，No.2，No.3）に書き，解法の過程がわかるように記述してください。ただし，問題文に特別な指示がある場合は，それにしたがってください。
8. 問題1～5は選択問題です。3題を選択して，選択した問題の番号の〇をぬりつぶし，解答してください。選択問題の解答は解いた順番に解答欄へ書いてもかまいません。ただし，4題以上解答した場合は採点されませんので，注意してください。問題6・7は，必須問題です。
9. 問題用紙に乱丁・落丁がありましたら，検定監督官に申し出てください。
10. 検定終了後，この問題用紙は解答用紙と一緒に回収します。必ず検定監督官に提出してください。

---

＜個人情報にかかわる取り扱いについて＞
　当財団は，個人情報の収集を「実用数学技能検定の受検申し込み，資料請求申し込み，情報サービス申し込み，本人確認など」の範囲内で行います。
　当財団では，個人情報の適正な取り扱いを定めた「個人情報の保護に関する法律」の原則に基づき，個人情報を厳重に管理するとともに，下記の目的で使用することがあります。
1. 実用数学技能検定に合格または受検したことを証明し，その記録を保存するとき
2. 実用数学技能検定に関する情報を提供するとき
3. 受検者サービスのために合格者の氏名・都道府県名を公表するとき
4. 当財団と機密保持契約を締結している協力団体，提携会社および業務委託会社に対して個人情報を開示するとき（上記の関係団体に対し，個人情報に関する諸規定を遵守し，その管理を行うという契約条項を義務づけてあります。）

| 受検番号 | － | 氏 名 | |

## 財団法人　日本数学検定協会

## [2級]　　2次：数理技能検定

**問題1．**（選択）

任意の三角形において，三角形の重心，垂心，外心は同一直線上にあります。この直線のことをオイラー線と呼びます。

右の図のような三角形について，重心，垂心，外心は同一直線上にあることを作図によって確かめなさい。作図はものさしとコンパスを使い，ものさしは直線を引くことだけに用いてください。また，作図によって求めた重心，垂心，外心に・の印をつけてください。

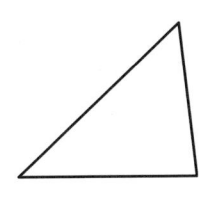

(作図技能)

**問題2．**（選択）

下の問題は，第207回の2級1次：計算技能検定で出題された，放物線と$x$軸との共有点に関する問題です。

> 放物線 $y=x^2-4kx-k+5$（$k$は定数）が$x$軸と共有点をもたないような$k$の値の範囲を求めなさい。

この問題の解は，「$-\dfrac{5}{4}<k<1$」となります。

このような放物線と$x$軸との共有点に関する問題を作りたいと思います。先に答えを決めて，その答えにたどり着くような放物線の式をつくるとき，答えが「$-4<k<\dfrac{1}{2}$」になるような放物線の式

$y=x^2+ax+b$（$a$，$b$は定数でない$k$の多項式または単項式）

を下の＜注＞にしたがって1つつくりなさい。

＜注＞① 上の問題文は変えないで，放物線の式だけを変えてください。
　　　 ② 放物線の例は無数にありますが，そのうち1つを答えてください。
　　　 ③ 解法の過程は記述しないで，その放物線の式だけを書いてください。

**問題3．**（選択）

$\vec{0}$でない3つのベクトル$\vec{x}$, $\vec{y}$, $\vec{z}$について，2つの等式
$\vec{x}=a\vec{y}+b\vec{z}$, $\vec{y}=c\vec{x}+d\vec{z}$ （$a$, $b$, $c$, $d$は正の実数で，$ac \neq 1$）
が成り立つとき，$\vec{x}/\!/\vec{y}$かつ$\vec{y}/\!/\vec{z}$であることを証明しなさい。　　　　　（証明技能）


**問題4．**（選択）

$\dfrac{27}{26} < \dfrac{26}{25} < \dfrac{25}{24}$であることを利用して，$\log_{10} 13$の値を小数第3位を四捨五入して小数第2位まで求めなさい。ただし，$\log_{10} 2 = 0.3010$，$\log_{10} 3 = 0.4771$とします。


**問題5．**（選択）

　　ある文房具店で，消しゴムが1個60円，三角定規が1組180円，コンパスが1個300円，シャープペンシルが1本400円で売られています。この店の店長はある日，これら4品の売上金額が24330円であることを知って，すぐに売上金額が間違っていることに気がつきました。

　　店長はなぜ，すぐに売上金額が間違っていることに気がついたのか，その理由を説明しなさい。ただし，消費税は値段に含まれているので考える必要はありません。　　（表現技能）

**問題6．（必須）**

　白球4個，黒球3個，赤球2個が入っている袋から，同時に2個の球を取り出すとき，2個が異なる色の球である確率を求めなさい．

**問題7．（必須）**

　定積分 $\int_{-1}^{2}(3x^2+2x-5)\,dx$ を求める問題で，AさんとBさんはまず下のような変形をしました．ここで，$C$ は積分定数を表します．

Aさん　$\int_{-1}^{2}(3x^2+2x-5)\,dx = \left[\, x^3+x^2-5x \,\right]_{-1}^{2}$

Bさん　$\int_{-1}^{2}(3x^2+2x-5)\,dx = \left[\, x^3+x^2-5x+C \,\right]_{-1}^{2}$

　AさんとBさんのどちらの変形でも正しい答えが求まります．
　一般に定積分 $\int_{\alpha}^{\beta}(px^2+qx+r)\,dx$　（$p,\ q,\ r,\ \alpha,\ \beta$ は実数）において，AさんとBさんのどちらの変形でも同じ答えが求まることを確かめなさい．　　　　　　（証明技能）

# 第3回 実用数学技能検定

# 2級
## 1次：計算技能検定

---
**検定上の注意**

1. 検定開始の合図があるまで問題用紙を開かないでください。
2. 検定時間は**60分**です。
3. 解答用紙の**氏名・受検番号・住所**などの記入欄は，書きもれのないように必ず書いてください。
4. この表紙の下の欄に，受検番号・氏名を書いてください。
5. **電卓・ものさし・コンパス・分度器**を使用することはできません。
6. **携帯電話**は電源を切り，検定中に使用しないでください。
7. **解答用紙**には答えだけを書いてください。
8. 答えが分数になるとき，約分してもっとも簡単な分数にしてください。
9. 答えに根号が含まれるとき，根号の中の数はもっとも小さい正の整数にしてください。
10. 問題用紙に乱丁・落丁がありましたら，検定監督官に申し出てください。
11. 検定終了後，この問題用紙は解答用紙と一緒に回収します。必ず検定監督官に提出してください。

---

＜個人情報にかかわる取り扱いについて＞

当財団は，個人情報の収集を「実用数学技能検定の受検申し込み，資料請求申し込み，情報サービス申し込み，本人確認など」の範囲内で行います。

当財団では，個人情報の適正な取り扱いを定めた「個人情報の保護に関する法律」の原則に基づき，個人情報を厳重に管理するとともに，下記の目的で使用することがあります。

1. 実用数学技能検定に合格または受検したことを証明し，その記録を保存するとき
2. 実用数学技能検定に関する情報を提供するとき
3. 受検者サービスのために合格者の氏名・都道府県名を公表するとき
4. 当財団と機密保持契約を締結している協力団体，提携会社および業務委託会社に対して個人情報を開示するとき（上記の関係団体に対し，個人情報に関する諸規定を遵守し，その管理を行うという契約条項を義務づけてあります。）

| 受検番号 | － | 氏　名 | |
|---|---|---|---|

## 財団法人　日本数学検定協会

# 〔2級〕　　1次：計算技能検定

問題1．次の式を展開して計算しなさい。

$$(3x-y)^3$$

問題2．次の式を因数分解しなさい。

$$x^3+8y^3$$

問題3．次の式の2重根号をはずして簡単にしなさい。

$$\sqrt{10-2\sqrt{21}}$$

問題4．$\cos\theta=-\dfrac{1}{3}$ のとき，$\tan\theta$ の値を求めなさい。ただし，$90°<\theta<180°$ とします。

問題5．8人の生徒を5人と3人の2組に分ける方法は何通りありますか。

問題6. $U=\{x \mid x$は10以下の正の整数$\}$ を全体集合とします。$U$の2つの部分集合$A$, $B$を
$$A=\{1, 2, 4, 8\}, \quad B=\{2, 3, 5, 7\}$$
によって定めます。このとき，集合 $\overline{A}\cup B$ の要素の個数を求めなさい。ただし，$\overline{A}$ は$A$の補集合を表します。

問題7. 放物線 $y=x^2-4kx+7k+2$ が$x$軸と共有点をもたないように，定数$k$の値の範囲を定めなさい。

問題8. 2次方程式 $4x^2-x+2=0$ の2つの複素数解を$\alpha$, $\beta$とおくとき，$\alpha^2\beta+\alpha\beta^2$ の値を求めなさい。

問題9. $x^3-x^2+x+a$ が $x-2$ で割り切れるように，定数 $a$ の値を定めなさい。

問題10. 次の等式を満たす実数$a$, $b$の値をそれぞれ求めなさい。ただし，$i$は虚数単位を表します。

$$(4+3i)(2-i)=a+bi$$

問題11. 次の計算をしなさい。

$\log_2 5 \cdot \log_5 8$

問題12. 3点 $A(-1, 2)$, $B(3, -5)$, $C(4, 0)$ を頂点とする△ABCの重心の座標を求めなさい。

問題13. 初項が2，公比が $-\dfrac{1}{2}$ である等比数列の第6項を求めなさい。

問題14. 2つのベクトル $\vec{a}=(2, 1)$, $\vec{b}=(1, 3)$ について，次の問いに答えなさい。
① $\vec{a}$ と $\vec{b}$ の内積を求めなさい。

② $\vec{a}$ と $\vec{b}$ のなす角 $\theta$ を求めなさい。ただし，$0° \leqq \theta \leqq 180°$ とします。

問題15. 次の問いに答えなさい。
① 次の不定積分を求めなさい。

$\int (4x-1)\,dx$

② 次の定積分を求めなさい。

$\int_{-1}^{2} (4x-1)\,dx$

## 第3回 実用数学技能検定

# 2級

## 2次：数理技能検定

―― 検定上の注意 ――

1. 検定開始の合図があるまで問題用紙を開かないでください。
2. 検定時間は **90分** です。
3. 解答用紙の **氏名・受検番号・住所** などの記入欄は，書きもれのないように必ず書いてください。
4. この表紙の下の欄に，受検番号・氏名を書いてください。
5. **電卓** を使用することができます。
6. **携帯電話** は電源を切り，検定中に使用しないでください。
7. 解答はすべて **解答用紙**（No.1，No.2，No.3）に書き，解法の過程がわかるように記述してください。ただし，問題文に特別な指示がある場合は，それにしたがってください。
8. 問題1～5は選択問題です。3題を選択して，選択した問題の番号の〇をぬりつぶし，解答してください。選択問題の解答は解いた順番に解答欄へ書いてもかまいません。ただし，4題以上解答した場合は採点されませんので，注意してください。問題6・7は，必須問題です。
9. 問題用紙に乱丁・落丁がありましたら，検定監督官に申し出てください。
10. 検定終了後，この問題用紙は解答用紙と一緒に回収します。必ず検定監督官に提出してください。

<個人情報にかかわる取り扱いについて>

当財団は，個人情報の収集を「実用数学技能検定の受検申し込み，資料請求申し込み，情報サービス申し込み，本人確認など」の範囲内で行います。

当財団では，個人情報の適正な取り扱いを定めた「個人情報の保護に関する法律」の原則に基づき，個人情報を厳重に管理するとともに，下記の目的で使用することがあります。

1. 実用数学技能検定に合格または受検したことを証明し，その記録を保存するとき
2. 実用数学技能検定に関する情報を提供するとき
3. 受検者サービスのために合格者の氏名・都道府県名を公表するとき
4. 当財団と機密保持契約を締結している協力団体，提携会社および業務委託会社に対して個人情報を開示するとき（上記の関係団体に対し，個人情報に関する諸規定を遵守し，その管理を行うという契約条項を義務づけてあります。）

| 受検番号 | － | 氏 名 | |

## 財団法人 日本数学検定協会

# [2級] 2次：数理技能検定

**問題1.**（選択）
次の等式を満たす△ABCはどのような形の三角形であるか理由をつけて答えなさい。
ただしAB＝$c$, BC＝$a$とします。

$$c\cos A = a\cos C$$

**問題2.**（選択）
赤球1個，白球2個が入っている袋があります。中を見ないで袋から球を1個取り出し，色を記録して袋に戻します。これを繰り返し，赤，白どちらかが2回記録されたところで終了とします。終了までに球を取り出す回数を$X$回とするとき，次の問いに答えなさい。
(1) $X=2$である確率を求めなさい。

(2) $X$の期待値を求めなさい。

**問題3.**（選択）
関数 $y=\dfrac{3^x+3^{-x}}{2}$ について，次の問いに答えなさい。

(1) $x\geqq 0$のとき，$y+\sqrt{y^2-1}$を$x$の式で表しなさい。

(2) $x<0$のとき，$y+\sqrt{y^2-1}$を$x$の式で表しなさい。

**問題4．（選択）**

$p, q, r$ を定数とします．初項から第 $n$ 項までの和が $S_n = pn^2 + qn + r$ で表される数列 $\{a_n\}$ について，次の問いに答えなさい．

（1） $a_1$ を求めなさい．この問題は答えだけを書いてください．

（2） $n \geqq 2$ のとき，$a_n$ を求めなさい．

（3） （2）で求めた $a_n$ の式に $n = 1$ を代入して得られる値と，（1）で求めた $a_1$ の値とが一致するための必要十分条件を求めなさい．

**問題5．（選択）**

右の図のように，折り詰め弁当のふたが開かないように，輪ゴムをかけました．

折り詰め弁当の形は直方体で，その縦，横，高さを $a, b, c$（ただし $ac + 2c^2 < ab$）とします．また図の点Pは辺ADの中点であり，輪ゴムは必ずこの点Pを通るものとします．

輪ゴムの通る経路が最短になるようにするとき，その経路の長さを求めなさい．

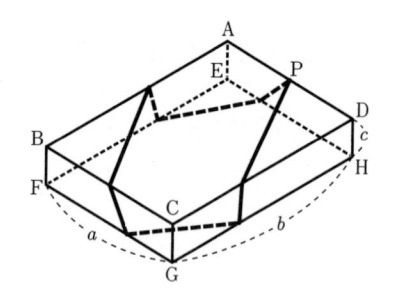

**問題6．**（必須）

$a$ を実数とします。2次方程式 $x^2+ax+a-2=0$ は，定数 $a$ の値によらずつねに異なる2つの実数解をもつことを証明しなさい。　　　　　　　　　　　　　　　（証明技能）

**問題7．**（必須）

放物線 $y=-x^2$ 上に点 $P(a, -a^2)$（ただし $a>0$）があります。これについて，次の問いに答えなさい。

（1）　点Pにおける放物線の接線の方程式を求めなさい。

（2）　放物線と $x$ 軸および（1）の接線で囲まれた図形の面積を求めなさい。

# 第4回 実用数学技能検定

# 2 級
## 1次：計算技能検定

---── 検定上の注意 ───---

1. 検定開始の合図があるまで問題用紙を開かないでください。
2. 検定時間は**60分**です。
3. 解答用紙の**氏名・受検番号・住所**などの記入欄は，書きもれのないように必ず書いてください。
4. この表紙の下の欄に，受検番号・氏名を書いてください。
5. **電卓・ものさし・コンパス・分度器**を使用することはできません。
6. **携帯電話**は電源を切り，検定中に使用しないでください。
7. **解答用紙**には答えだけを書いてください。
8. 答えが分数になるとき，約分してもっとも簡単な分数にしてください。
9. 答えに根号が含まれるとき，根号の中の数はもっとも小さい正の整数にしてください。
10. 問題用紙に乱丁・落丁がありましたら，検定監督官に申し出てください。
11. 検定終了後，この問題用紙は解答用紙と一緒に回収します。必ず検定監督官に提出してください。

<個人情報にかかわる取り扱いについて>
　当財団は，個人情報の収集を「実用数学技能検定の受検申し込み，資料請求申し込み，情報サービス申し込み，本人確認など」の範囲内で行います。
　当財団では，個人情報の適正な取り扱いを定めた「個人情報の保護に関する法律」の原則に基づき，個人情報を厳重に管理するとともに，下記の目的で使用することがあります。
1. 実用数学技能検定に合格または受検したことを証明し，その記録を保存するとき
2. 実用数学技能検定に関する情報を提供するとき
3. 受検者サービスのために合格者の氏名・都道府県名を公表するとき
4. 当財団と機密保持契約を締結している協力団体，提携会社および業務委託会社に対して個人情報を開示するとき（上記の関係団体に対し，個人情報に関する諸規定を遵守し，その管理を行うという契約条項を義務づけてあります。）

| 受検番号 | － | 氏名 | |

## 財団法人 日本数学検定協会

# [2級]　　　1次：計算技能検定

**問題1.** 次の式を展開して計算しなさい。

$$(3x+2y)(9x^2-6xy+4y^2)$$

**問題2.** 次の式を因数分解しなさい。

$$x^2+2xy+y^2-x-y$$

**問題3.** 次の計算をしなさい。

$$\frac{\sqrt{5}}{\sqrt{5}-\sqrt{3}}-\frac{\sqrt{3}}{\sqrt{5}+\sqrt{3}}$$

**問題4.** 循環小数 $0.1\dot{5}$ を分数で表しなさい。

**問題5.** 1個のさいころを2回振るとき，出る目の数の積が12になる確率を求めなさい。

問題6. 2つの集合 $A=\{1, 2, 4, 5, 7, 8\}$, $B=\{1, 3, 5, 7, 9\}$ について，$A\cup B$ の要素の個数を求めなさい。

問題7. 放物線 $y=x^2+6kx+7k+2$ が $x$ 軸と共有点をもつような $k$ の値の範囲を求めなさい。

問題8. 整式 $2x^3+ax^2-ax-6$ が $x-2$ で割り切れるように，$a$ の値を定めなさい。

問題9. 2次方程式 $4x^2-3x+1=0$ の2つの複素数解を $\alpha, \beta$ とおくとき，$\dfrac{1}{\alpha}+\dfrac{1}{\beta}$ の値を求めなさい。

問題10. 次の計算をしなさい。ただし，$i$ は虚数単位を表します。

$(2+3i)(5-2i)$

問題11. $x$を実数として，次の方程式を解きなさい。

$$3^{2x} - 11 \cdot 3^x + 18 = 0$$


問題12. $\cos\theta = \dfrac{2}{3}$ のとき，$\cos 2\theta$ の値を求めなさい。


問題13. 次の和を求めなさい。

$$2 + 4 + 6 + \cdots + 2n$$


問題14. 2つのベクトル $\vec{a} = (4, 1)$，$\vec{b} = (2, -4)$ について，次の問いに答えなさい。

① ベクトル $\vec{a} + \vec{b}$ を成分で表しなさい。

② $|\vec{a} + \vec{b}|$ を求めなさい。


問題15. 次の問いに答えなさい。

① 次の不定積分を求めなさい。

$$\int (6x^2 - 2x + 1)\,dx$$

② 次の定積分を求めなさい。

$$\int_{-1}^{2} (6x^2 - 2x + 1)\,dx$$

# 第4回 実用数学技能検定

## 2級
### 2次：数理技能検定

---

**検定上の注意**

1. 検定開始の合図があるまで問題用紙を開かないでください。
2. 検定時間は**90分**です。
3. 解答用紙の**氏名・受検番号・住所**などの記入欄は，書きもれのないように必ず書いてください。
4. この表紙の下の欄に，受検番号・氏名を書いてください。
5. **電卓**を使用することができます。
6. **携帯電話**は電源を切り，検定中に使用しないでください。
7. 解答はすべて**解答用紙**（No.1，No.2，No.3）に書き，解法の過程がわかるように記述してください。ただし，問題文に特別な指示がある場合は，それにしたがってください。
8. 問題1～5は選択問題です。3題を選択して，選択した問題の番号の○をぬりつぶし，解答してください。選択問題の解答は解いた順に解答欄へ書いてもかまいません。ただし，4題以上解答した場合は採点されませんので，注意してください。問題6・7は，必須問題です。
9. 問題用紙に乱丁・落丁がありましたら，検定監督官に申し出てください。
10. 検定終了後，この問題用紙は解答用紙と一緒に回収します。必ず検定監督官に提出してください。

---

＜個人情報にかかわる取り扱いについて＞

当財団は，個人情報の収集を「実用数学技能検定の受検申し込み，資料請求申し込み，情報サービス申し込み，本人確認など」の範囲内で行います。

当財団では，個人情報の適正な取り扱いを定めた「個人情報の保護に関する法律」の原則に基づき，個人情報を厳重に管理するとともに，下記の目的で使用することがあります。

1. 実用数学技能検定に合格または受検したことを証明し，その記録を保存するとき
2. 実用数学技能検定に関する情報を提供するとき
3. 受検者サービスのために合格者の氏名・都道府県名を公表するとき
4. 当財団と機密保持契約を締結している協力団体，提携会社および業務委託会社に対して個人情報を開示するとき（上記の関係団体に対し，個人情報に関する諸規定を遵守し，その管理を行うという契約条項を義務づけてあります。）

---

受検番号 　　　－　　　　氏　名

## 財団法人　日本数学検定協会

# [2級] 2次：数理技能検定

**問題1.**（選択）

$n$ を正の整数とします。このとき，2次方程式
$$x^2 + 4x + n + 1 = 0$$
の解がすべて整数になるように $n$ の値を定め，そのときの整数解を求めなさい。

**問題2.**（選択）

右の図のように，すべての辺の長さが 2 cm である正四角錐 O-ABCD があります。頂点 O から底面 ABCD に垂線を引き，面 ABCD との交点を H とします。辺 BC の中点を M とし，∠OMH = $\theta$ とすると，$\theta$ は面 OBC と面 ABCD のなす角を表します。このとき，$\theta$ の値を求めなさい。ただし，下の三角比の表の中からもっとも近い値を答えなさい。

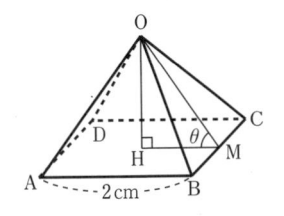

| $\theta$ | 35° | 40° | 45° | 50° | 55° | 60° | 65° |
|---|---|---|---|---|---|---|---|
| $\sin\theta$ | 0.5736 | 0.6428 | 0.7071 | 0.7660 | 0.8192 | 0.8660 | 0.9063 |
| $\cos\theta$ | 0.8192 | 0.7660 | 0.7071 | 0.6428 | 0.5736 | 0.5000 | 0.4226 |

**問題3.**（選択）

$xy$ 平面上に，$x^2 + y^2 = 1$ で表される円と点 A(4, 2) があります。円 $x^2 + y^2 = 1$ 上に点 P をとり，点 A と P を線分で結びます。点 P が円周上を動くとき，線分 AP の中点 M の軌跡を求めなさい。

**問題4．**（選択）

右の図のような，AB＝2，AD＝AE＝1である直方体 ABCD-EFGH があります。対角線CE上に点Pをとり，点Aと点Pを線分で結びます。$\vec{AB}=\vec{b}$，$\vec{AD}=\vec{d}$，$\vec{AE}=\vec{e}$ とおくとき，次の問いに答えなさい。　　　（表現技能）

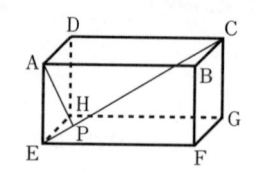

(1)　EP：PC＝$t$：$(1-t)$　（$0<t<1$）とするとき，$\vec{AP}$ を $t$，$\vec{b}$，$\vec{d}$，$\vec{e}$ を用いて表しなさい。

(2)　点PをAP⊥CEとなるようにとるとき，(1)における $t$ の値を求め，$\vec{AP}$ を $\vec{b}$，$\vec{d}$，$\vec{e}$ を用いて表しなさい。

**問題5．**（選択）

A，B，Cはそれぞれ百の位，十の位，一の位の数字で，A≠0とします。千の位が5である4けたの整数5ABCは，3けたの整数ABCの倍数です。このような整数5ABCの中で，もっとも大きい数を求めなさい。この問題は答えだけを書いてください。

**問題6．**（必須）

　　袋の中に赤球2個，白球3個，青球5個が入っています。中を見ないで袋から2個の球を同時に取り出すとき，2個の球の色が異なる確率を求めなさい。

**問題7．**（必須）

　　放物線 $y = x^2 - x$ について，次の問いに答えなさい。

（1）放物線上の点(2，2)における接線 $\ell$ の方程式を求めなさい。

（2）（1）で求めた接線 $\ell$ と放物線および $y$ 軸で囲まれた図形の面積を求めなさい。

# 監修者紹介

**公益財団法人 日本数学検定協会**

　1990年，日本の算数・数学教育に新風を吹き込むことを志すものが集まり発足。2年間の調査期間を経て1992年に全国数学技能検定を実施。1994年度の検定から2次：数理技能検定に電卓の使用を認めたが，これは算数・数学の試験としては全国で初めての試みである。数学をグローバル基幹文化として展開中。

　「実用数学技能検定」は，現在全国各地の小学校・中学校・高等学校・学習塾等で採用され，大きな教育的効果を上げている。のみならず，一般でも3歳から75歳まで幅広い層が受検し，受検者数も急増している。また，急速に国際化が進み，諸外国に広がりつつある。

〒110-0005
東京都台東区上野5-1-1
文昌堂ビル6階
TEL.03-5812-8340
FAX.03-5812-8346
公式サイト　http://www.su-gaku.net/

公益財団法人 日本数学検定協会 監修

# 数学検定 2級 高2程度
## 実用数学技能検定 過去問題集

# 解答と解説

創育

# 1 数と式

1次：計算技能対策 PART I

**1** 〈解答〉(1) $(x+1)(y-1)$
(2) $xy(x-y)(x^2+xy+y^2)$

〈解説〉(1) 共通な文字$x$でくくる。
与式$=x(y-1)+y-1$
さらに$y-1$でくくって，
与式$=(x+1)(y-1)$

(2) 共通な文字$xy$でくくる。
与式$=xy(x^3-y^3)$
$\qquad =xy(x-y)(x^2+xy+y^2)$

**2** 〈解答〉$(x+y-2)(x-y+2)$

〈解説〉$y$の2次式を因数分解して公式を利用する。
与式$=x^2-(y-2)^2$
$\qquad =(x+y-2)\{x-(y-2)\}$
$\qquad =(x+y-2)(x-y+2)$

文字が複数ある式は，文字ごとに整理してそれぞれを因数分解すると，公式が使える場合がある。

**(例)** $x^3+xy-y-1$
$=x^3-1+y(x-1)$
$=(x-1)(x^2+x+1)+y(x-1)$
$=(x-1)(x^2+x+1+y)$
$=(x-1)(x^2+x+y+1)$

**3** 〈解答〉
(1) $(x+2)(x-2)(x+3)(x-3)$
(2) $(x+2)(x-2)(x^2+1)$

〈解説〉(1) $x^2=t$とおいて2次式に変形する。
与式$=t^2-13t+36=(t-4)(t-9)$
$\qquad =(x^2-4)(x^2-9)$
$\qquad =(x+2)(x-2)(x+3)(x-3)$

(2) $x^2=t$とおく。
与式$=t^2-3t-4=(t-4)(t+1)$
$\qquad =(x^2-4)(x^2+1)$
$\qquad =(x+2)(x-2)(x^2+1)$

〈参考1〉複数の文字式を因数分解する場合は，最も次数の低い文字についてくくると共通因数がわかる。

**(例)** $x^2y+y^2z-y^3-x^2z$では$z$の次数が最も低いので，$z$でくくると，
与式$=-(x^2-y^2)z+y(x^2-y^2)$
$\qquad =(x^2-y^2)(-z+y)$
$\qquad =(x+y)(x-y)(y-z)$

〈参考2〉$A^2-B^2$の形に変形する因数分解
(1) $a^4+4=(a^2+2)^2-4a^2$
$\qquad =(a^2+2)^2-(2a)^2$
$\qquad =(a^2+2a+2)(a^2-2a+2)$
(2) $x^4+x^2y^2+y^4=(x^2+y^2)^2-(xy)^2$
$\qquad =(x^2+xy+y^2)(x^2-xy+y^2)$

〈参考3〉1つの文字について降べきの順に整理する因数分解
(1) $2x^2+xy+x+2y-6$
$y$の次数は$x$の次数より低いので，$y$について整理して，
与式$=(x+2)y+2x^2+x-6$
$\qquad =(x+2)y+(2x-3)(x+2)$
$\qquad =(x+2)(2x+y-3)$

(2) $(x+y+z)(xy+yz+zx)-xyz$
$x$, $y$, $z$ともに2次なので，$x$について降べきの順に整理して，
与式$=\{x+(y+z)\}\{(y+z)x+yz\}-xyz$
$\qquad =(y+z)x^2+xyz+(y+z)^2x$
$\qquad\qquad +yz(y+z)-xyz$
$\qquad =(y+z)x^2+(y+z)^2x+yz(y+z)$
$\qquad =(x+y)(y+z)(z+x)$

このように，最後は輪環形に整理する。

## 2 2次関数

### 1次：計算技能対策

**1** 〈解答〉(1)① $-\dfrac{1}{2} < k < \dfrac{7}{2}$

②

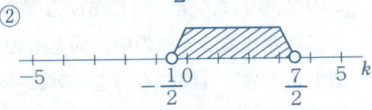

(2)① $k \leqq -1$, $\dfrac{5}{4} \leqq k$

②

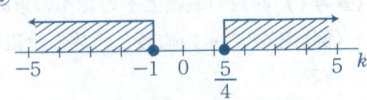

(3)① $-3 < k < \dfrac{3}{2}$

②

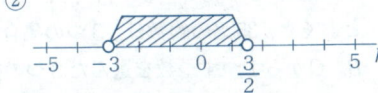

(4)① $k \leqq -\dfrac{5}{3}$, $\dfrac{2}{3} \leqq k$

②

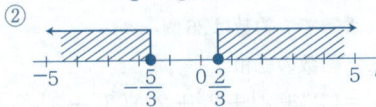

(5)① $k \leqq -\dfrac{4}{3}$, $4 \leqq k$

②

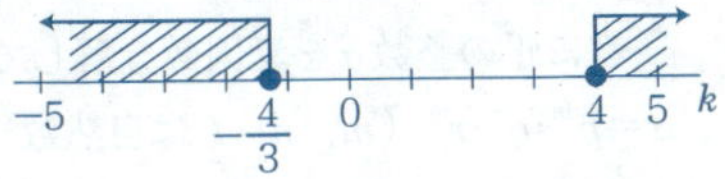

(6)① $k \leqq -3$, $\dfrac{5}{3} \leqq k$

②

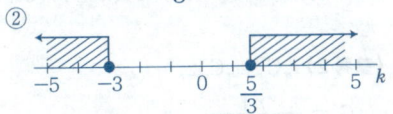

〈解説〉(1)① 判別式 $D<0$ であれば $x$ 軸と共有点をもたないので，
$$(2k-1)^2 - 4 \cdot 2(k+1) < 0$$
$$4k^2 - 12k - 7 < 0$$
$$(2k+1)(2k-7) < 0$$

よって，$-\dfrac{1}{2} < k < \dfrac{7}{2}$

(2)① $x$ 軸と共有点をもつので，判別式 $\dfrac{D}{4} \geqq 0$ より，
$$(2k-1)^2 - 3(-k+2) \geqq 0$$
$$4k^2 - k - 5 \geqq 0$$
$$(4k-5)(k+1) \geqq 0$$

よって，$k \leqq -1$, $\dfrac{5}{4} \leqq k$

(3)① $x$ 軸と共有点をもたないので，判別式 $\dfrac{D}{4} < 0$ より，
$$\{2(k+1)\}^2 - 2(k+11) < 0$$
$$4k^2 + 6k - 18 < 0$$
$$2k^2 + 3k - 9 < 0$$
$$(2k-3)(k+3) < 0$$

よって，$-3 < k < \dfrac{3}{2}$

(4)① $x$ 軸と共有点をもつので，判別式 $\dfrac{D}{4} \geqq 0$ より，
$$9k^2 + 9k - 10 \geqq 0$$
$$(3k-2)(3k+5) \geqq 0$$

よって，$k \leqq -\dfrac{5}{3}$, $\dfrac{2}{3} \leqq k$

(5)① $x$ 軸と共有点をもつので，判別式 $\dfrac{D}{4} \geqq 0$ より，
$$3k^2 - 8k - 16 \geqq 0$$
$$(3k+4)(k-4) \geqq 0$$

よって，$k \leqq -\dfrac{4}{3}$, $4 \leqq k$

(6)① $x$ 軸と共有点をもつので，判別式 $\dfrac{D}{4} \geqq 0$ より，
$$3k^2 + 4k - 15 \geqq 0$$
$$(3k-5)(k+3) \geqq 0$$

よって，$k \leqq -3$, $\dfrac{5}{3} \leqq k$

〈参考〉2次方程式の判別式
$ax^2 + 2b'x + c = 0$ について，
判別式 $D = 4b'^2 - 4ac = 4(b'^2 - ac)$
$\dfrac{D}{4} = b'^2 - ac$

$x$ の係数が偶数のときは，この判別式で計算するほうが楽である。

# 3 場合の数と確率

1次：計算技能対策　PART I

**1** 〈解答〉(1) 495通り　(2) 72個

〈解説〉(1) 12人から4人を選ぶ選び方は $_{12}C_4$ 通り。
$$_{12}C_4 = \frac{12!}{8!4!} = \frac{12\cdot 11\cdot 10\cdot 9}{4!}$$
$$= 495 (個)$$

(2) 一の位の数は1, 3, 5の3通り。十の位から万の位の数の並びは、一の位の数以外の4つの数を並べるので4!通り。
よって、$4! \times 3 = 72$(通り)

**2** 〈解答〉(1) $\frac{3}{8}$　(2) $\frac{4}{7}$　(3) $\frac{13}{35}$

〈解説〉(1) 3枚の硬貨を投げたときの表裏の出方は $2^3$ 通り。その中で1枚だけ表が出るのは3通り。よって、$\frac{3}{2^3} = \frac{3}{8}$

(2) 7人から2人を選ぶのは、$_7C_2 = 21$(通り)
男3人から1人、女4人から1人を選ぶのは、$_3C_1 \times _4C_1 = 12$(通り)
よって、求める確率は、$\frac{12}{21} = \frac{4}{7}$

(3) 15個から2個を選ぶのは $_{15}C_2$ 通りなので105通り。この中で、からしの入っていない12個のシュークリームから2個選ぶのは $_{12}C_2$ 通り、すなわち66通り。よって、からしの入っていないシュークリームを選ぶ確率は、$\frac{66}{105} = \frac{22}{35}$
少なくとも1個のからしの入ったものを選ぶ確率は、$1 - \frac{22}{35} = \frac{13}{35}$

**3** 〈解答〉35通り

〈解説〉8人から4人を選ぶのは、$_8C_4$ 通り。残り4人から4人を選ぶのは、$_4C_4$ 通りある。ところが4人2組の分け方で全く同じ場合が2!通りあるので、
$$\frac{_8C_4 \times _4C_4}{2!} = 35 (通り)$$

(補足)
はじめに選んだ4人　　次に選んだ4人
$(a, b, c, d) \longrightarrow (e, f, g, h)$
$(e, f, g, h) \longrightarrow (a, b, c, d)$
この2通りは、全く同じ選び方であることに注意する。$n$個の中に同じものが$p$個あるとき、$n$個のものを一列に並べる方法は、$\frac{n!}{p!}$ 通りある。

〈参考1〉約数の個数とその総和の求め方
(例) 3528の正の約数と約数の総和を求める。
$3528 = 2^3 \times 3^2 \times 7^2$ より、
$A = \{2^0, 2^1, 2^2, 2^3\}$,
$B = \{3^0, 3^1, 3^2\}$, $C = \{7^0, 7^1, 7^2\}$
とおくと、3528の約数は、3つの集合 $A$, $B$, $C$ から1つずつ数を選んだ3つの数の積なので、その選び方は、
$4 \times 3 \times 3 = 36$(通り)
よって、約数は36個。
　約数の総和
$= (2^0 + 2^1 + 2^2 + 2^3)(3^0 + 3^1 + 3^2)(7^0 + 7^1 + 7^2)$
$= 15 \times 13 \times 57 = 11115$
一般に正の整数$a$を素因数分解して、
$a = p^m \cdot q^n \cdot r^\ell$ ($m, n, \ell$は自然数)
とすると、
$a$の約数の個数$= (m+1)(n+1)(\ell+1)$

〈参考2〉$_nC_r = _nC_{n-r}$
$_nC_r = \frac{n!}{(n-r)!r!}$
$_nC_{n-r} = \frac{n!}{(n-(n-r))!(n-r)!}$
$= \frac{n!}{r!(n-r)!}$
よって、$_nC_r = _nC_{n-r}$
(例) $_{10}C_7 = _{10}C_3 = \frac{10\cdot 9\cdot 8}{3!} = 120$

# 4 集合と平面幾何

1次：計算技能対策　PART I

**1** 〈解答〉50個
〈解説〉集合 $A$ を3の倍数の集合，集合 $B$ を4の倍数の集合とするとき，求める個数は，$n(A\cup B)$
$n(A\cup B)=n(A)+n(B)-n(A\cap B)$
$\qquad =33+25-8=50$（個）

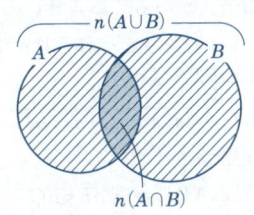

**2** 〈解答〉$\overline{A}\cap\overline{B}=\{4, 5, 7, 9, 10\}$
〈解説〉ド・モルガンの法則より，
$\overline{A}\cap\overline{B}=\overline{A\cup B}$ であり，
$A\cup B=\{1, 2, 3, 6, 8\}$
なので，$\overline{A\cup B}=\{4, 5, 7, 9, 10\}$
よって，$\overline{A}\cap\overline{B}=\{4, 5, 7, 9, 10\}$

**3** 〈解答〉AR：RC＝5：9
〈解説〉

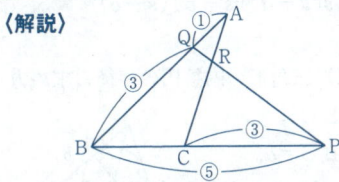

メネラウスの定理より，
$\dfrac{BP}{PC}\cdot\dfrac{CR}{RA}\cdot\dfrac{AQ}{QB}=1$
$\dfrac{5}{3}\cdot\dfrac{CR}{RA}\cdot\dfrac{1}{3}=1$
$\dfrac{CR}{RA}=\dfrac{9}{5}$
よって，AR：CR＝5：9
上図のように，三角形とその2辺とが交わる直線を用いて，辺の比を求めることができる。

**4** 〈解答〉AF：FB＝1：2
〈解説〉チェバの定理より，
$\dfrac{BD}{DC}\cdot\dfrac{CE}{EA}\cdot\dfrac{AF}{FB}=1$
$\dfrac{3}{1}\cdot\dfrac{2}{3}\cdot\dfrac{AF}{FB}=1$
$\dfrac{AF}{FB}=\dfrac{1}{2}$
よって，AF：FB＝1：2

**5** 〈解答〉BD＝6
〈解説〉角の2等分線の性質より，
BD：DC＝AB：AC
$\qquad =8:12$
$\qquad =2:3$
$BD=\dfrac{2}{5}BC=\dfrac{2}{5}\times 15=6$

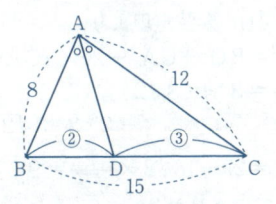

〈参考〉方べきの定理
右図のように，平面上に点Pをとり，Pを通る2つの直線をひいて円との交点をA，B，C，Dとすると，
△PAC∽△PDBより，
PA・PB＝PC・PDが成り立つ。
また，この定理から弦の長さを求めることができる。 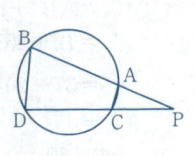
右図のように，この定理はAとBが同じ位置のときも成り立つので，PC・PD＝PA$^2$
これより，接線の長さを求めることができる。

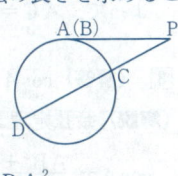

# 5 三角比

1次：計算技能対策　PART1

## 1 〈解答〉 $-\dfrac{8}{25}$

〈解説〉$\sin\theta+\cos\theta=\dfrac{3}{5}$ の両辺を2乗して，
$\sin^2\theta+2\sin\theta\cos\theta+\cos^2\theta=\dfrac{9}{25}$
$\sin^2\theta+\cos^2\theta=1$ より，
$\sin\theta\cos\theta=-\dfrac{8}{25}$

〈補足〉$\sin\theta\cos\theta=\dfrac{(\sin\theta+\cos\theta)^2-1}{2}$
としてもよい。

## 2 〈解答〉(1) ＡＢ＝3　(2) ＡＣ＝$\sqrt{7}$
(3) ＡＣ＝$\sqrt{5}$

〈解説〉(1) 余弦定理より，
$AB^2 = BC^2 + CA^2 - 2BC\cdot CA\cdot\cos\angle C$
$= 3^2 + (3\sqrt{2})^2 - 2\cdot 3\cdot 3\sqrt{2}\cdot\cos45°$
$= 27 - 18\sqrt{2}\times\dfrac{1}{\sqrt{2}} = 9$
よって，ＡＢ＝3

(2) 余弦定理より，
$AC^2 = AB^2 + BC^2 - 2AB\cdot BC\cdot\cos\angle B$
$= 12 + 25 - 2\cdot 2\sqrt{3}\cdot 5\cdot\cos30°$
$= 37 - 20\sqrt{3}\times\dfrac{\sqrt{3}}{2} = 7$
ＡＣ＝$\sqrt{7}$

(3) 余弦定理より，
$AC^2 = AB^2 + BC^2 - 2AB\cdot BC\cdot\cos\angle B$
$= 9 + 8 - 2\cdot 3\cdot 2\sqrt{2}\cdot\cos45°$
$= 17 - 12\sqrt{2}\times\dfrac{1}{\sqrt{2}} = 5$
よって，ＡＣ＝$\sqrt{5}$

## 3 〈解答〉$\cos A=\dfrac{5}{9}$

〈解説〉余弦定理より，
$\cos A = \dfrac{AB^2+AC^2-BC^2}{2\cdot AB\cdot AC}$
$= \dfrac{9+36-25}{2\cdot 3\cdot 6} = \dfrac{5}{9}$

## 4 〈解答〉$3\sqrt{3}$

〈解説〉△ＡＢＣの面積は2辺とその間の角を用いて求める。
$\triangle ABC = \dfrac{1}{2}\cdot AB\cdot AC\cdot\sin\angle A$
$= \dfrac{1}{2}\cdot 4\cdot 3\cdot\sin60°$
$= 3\sqrt{3}$

〈参考1〉3角形の面積の求め方としてヘロンの公式がある。△ＡＢＣの辺ＢＣ，ＣＡ，ＡＢの長さをそれぞれ$a, b, c$とし，$s=\dfrac{a+b+c}{2}$ とおくと，
$\triangle ABC = \sqrt{s(s-a)(s-b)(s-c)}$
が成り立つ。

（証明）$\triangle ABC = \dfrac{1}{2}ab\sin C$
$= \dfrac{1}{2}\sqrt{a^2b^2}\sqrt{1-\cos^2 C}$
$= \dfrac{1}{2}\sqrt{a^2b^2}\sqrt{1-\left(\dfrac{a^2+b^2-c^2}{2ab}\right)^2}$
$= \dfrac{1}{2}\sqrt{\left(ab+\dfrac{a^2+b^2-c^2}{2}\right)\left(ab-\dfrac{a^2+b^2-c^2}{2}\right)}$
$= \dfrac{1}{2}\sqrt{\dfrac{1}{2}\{(a+b)^2-c^2\}\cdot\dfrac{1}{2}\{c^2-(a-b)^2\}}$
$= \sqrt{\dfrac{a+b+c}{2}\cdot\dfrac{a+b-c}{2}\cdot\dfrac{c-a+b}{2}\cdot\dfrac{c+a-b}{2}}$
$s=\dfrac{a+b+c}{2}$ とおくと，
$=\sqrt{s(s-a)(s-b)(s-c)}$

〈参考2〉三角形の内接円の半径の求め方
△ＡＢＣについて，ＢＣ＝$a$，ＣＡ＝$b$，ＡＢ＝$c$
また，内接円の半径を$r$，内心をＩとおくと，
$\triangle ABC = \triangle ABI + \triangle BCI + \triangle CAI$
$= \dfrac{cr}{2} + \dfrac{ar}{2} + \dfrac{br}{2}$
よって，$\triangle ABC = r\times\dfrac{a+b+c}{2}$
が成り立つ。

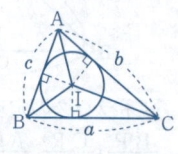

## 6 数列　1次：計算技能対策

**1** 〈解答〉39

〈解説〉公差を$d$とすると，$a_6 = -6 + 5d$なので，
$$19 = -6 + 5d$$
$$d = 5$$
$$a_{10} = -6 + 9 \times 5 = 39$$

**2** 〈解答〉$-2$

〈解説〉初項$a$，公比$r$の等比数列の第$n$項 $a \cdot r^{n-1}$に着目する。
公比を$r$とすると，第4項$= 3 \cdot r^3$なので，
$$3 \cdot r^3 = -24$$
$$r^3 = -8$$
よって，$r = -2$

**3** 〈解答〉(1) 120　(2) $n^2 + 4n$

〈解説〉(1) $\sum_{k=1}^{n} k = 1 + 2 + \cdots + n = \dfrac{n(n+1)}{2}$ を用いる。

$$\sum_{k=1}^{10}(2k+1)$$
$$= \sum_{k=1}^{10} 2k + \sum_{k=1}^{10} 1$$
$$= 2\sum_{k=1}^{10} k + 10$$
$$= 2 \times \frac{10 \cdot 11}{2} + 10 = 120$$

(2) $\sum_{k=1}^{n}(2k+3)$
$$= 2\sum_{k=1}^{n} k + \sum_{k=1}^{n} 3$$
$$= 2 \times \frac{n(n+1)}{2} + 3n$$
$$= n^2 + 4n$$

**4** 〈解答〉(1) 96　(2) $-682$

〈解説〉(1) 初項$a$，公差$d$の等差数列の初項から第$n$項までの和$S_n$は，
$$S_n = \frac{n(初項+末項)}{2}$$
$$= \frac{n\{2a + (n-1)d\}}{2} を用いる。$$

初項3，末項21，項数8なので，
$$求める和 = \frac{8(3+21)}{2} = 96$$

(2) 初項$a$，公比$r$の等比数列の初項から第$n$項までの和$S_n$は，
$r \neq 1$のとき，$S_n = \dfrac{a(1-r^n)}{1-r}$
$r = 1$のとき，$S_n = na$を用いる。

公比$-2 \neq 1$なので，
$$求める和 = \frac{2\{1-(-2)^{10}\}}{1-(-2)}$$
$$= \frac{2 \times (-1023)}{3}$$
$$= -682$$

〈参考〉$\sum_{k=1}^{n} kx^{k-1}$ の和の求め方

$S_n = \sum_{k=1}^{n} kx^{k-1}$とおくと，
$$S_n = 1 + 2x + 3x^2 + \cdots\cdots$$
$$+ (n-1)x^{n-2} + nx^{n-1} \cdots ①$$
$x \neq 1$のとき，両辺$\times x$より，
$$xS_n = x + 2x^2 + 3x^3 + \cdots\cdots$$
$$+ (n-1)x^{n-1} + nx^n \cdots ②$$
①$-$②より，
$$(1-x)S_n = 1 + x + x^2 + x^3 + \cdots\cdots$$
$$+ x^{n-1} - nx^n$$
$$= \frac{1-x^n}{1-x} - nx^n$$
$$= \frac{1-(n+1)x^n + nx^{n+1}}{1-x}$$
よって，$S_n = \dfrac{1-(n+1)x^n + nx^{n+1}}{(1-x)^2}$

$x = 1$のとき，
$$S_n = 1 + 2 + 3 + \cdots\cdots + n = \frac{n(n+1)}{2}$$

# 7 指数関数・対数関数

1次：計算技能対策 PART I

**1** 〈解答〉 1
〈解説〉指数法則 $a^m \times a^n = a^{m+n}$, $a^m \div a^n = a^{m-n}$, $a^0 = 1$ に注意する。
$5^5 \times 5^{-3} \div 5^2 = 5^{5+(-3)-2} = 5^0 = 1$

**2** 〈解答〉(1) 3  (2) $a$  (3) 4
〈解説〉(1) 累乗根の性質
$\sqrt[n]{a} \times \sqrt[n]{b} = \sqrt[n]{ab}$ より,
$\sqrt[3]{3} \times \sqrt[3]{9} = \sqrt[3]{3 \times 9} = \sqrt[3]{27} = 3$

(2) $\sqrt[n]{a^m} = a^{\frac{m}{n}}$ と変形する。
$\sqrt[3]{a^2} = a^{\frac{2}{3}}$ より,
与式 $= a^{\frac{2}{3}} \div a \times a^{\frac{4}{3}} = a^{\frac{2}{3}-1+\frac{4}{3}} = a^1 = a$

(3) $\dfrac{1}{a^n} = a^{-n}$ に着目する。
$\sqrt[3]{2^4} \div \dfrac{1}{\sqrt{2}} \times \sqrt[6]{2} = 2^{\frac{4}{3}} \div \dfrac{1}{2^{\frac{1}{2}}} \times 2^{\frac{1}{6}}$
$= 2^{\frac{4}{3}} \div 2^{-\frac{1}{2}} \times 2^{\frac{1}{6}} = 2^{\frac{4}{3}-(-\frac{1}{2})+\frac{1}{6}} = 2^2 = 4$

**3** 〈解答〉 $x > 3$
〈解説〉底が $a > 1$ のとき, $\log_a x_1 > \log_a x_2$ ならば, $x_1 > x_2$ に着目する。
$\dfrac{1}{2} = \log_9 9^{\frac{1}{2}}$ なので, $\log_9 x > \log_9 9^{\frac{1}{2}}$
底9は1より大きいので, $x > 9^{\frac{1}{2}}$
$9^{\frac{1}{2}} = (3^2)^{\frac{1}{2}} = 3^1 = 3$ より, $x > 3$

**4** 〈解答〉 $-a + b + 1$
〈解説〉対数の性質 $\log_a MN = \log_a M + \log_a N$
および, $\log_a \dfrac{M}{N} = \log_a M - \log_a N$
を用いる。
$\log_{10} 15 = \log_{10} \dfrac{3 \times 10}{2}$
$= \log_{10}(3 \times 10) - \log_{10} 2$
$= \log_{10} 3 + \log_{10} 10 - \log_{10} 2$
$= b + 1 - a$
$= -a + b + 1$

〈参考1〉対数の性質
$\log_a M^p = p \log_a M$ と $\log_a b = \dfrac{\log_c b}{\log_c a}$
（$c > 0$ かつ $c \neq 1$）も覚えておこう。

〈参考2〉対数の性質を用いた対数の値
$p > 0$ かつ $a > 0$ かつ $a \neq 1$ のとき,
$a^{\log_a p} = p$ が成り立つ。
（証明）$\log_a p = x$ とおくと, $a^x = p$
$x$ をもとに戻して, $a^{\log_a p} = p$
（例）$2^{\frac{1}{3}\log_2 27} = 2^{\log_2 27^{\frac{1}{3}}} = 2^{\log_2 3} = 3$

〈参考3〉対数の最大・最小を求めるときは, 置き換えて2次関数に変形すると求めやすい。
（例）$\sqrt{x} + \sqrt{y} = 10$ のとき,
$\log_5 x + \log_5 y$ の最大値を求める。
$\sqrt{x} = a$, $\sqrt{y} = b$ とおくと, 条件より,
$a + b = 10$ よって, $b = 10 - a$ …①
$\log_5 x + \log_5 y = \log_5 xy$
$= \log_5(ab)^2 = 2\log_5 ab$
①より,
$2\log_5 ab = 2\log_5 a(10-a)$
$= 2\log_5(-a^2 + 10a)$
$= 2\log_5\{-(a-5)^2 + 25\}$
よって, $a = 5$ のとき最大値 $2\log_5 25 = 4$

〈参考4〉$x^{f(x)} = g(x)$ の形の対数方程式の解き方
（例）$x^{\log_3 x} = 729x$ を解く。
両辺の3を底とする対数をとると,
$\log_3 x \cdot \log_3 x = \log_3 729 + \log_3 x$
$(\log_3 x)^2 - \log_3 x - 6 = 0$
$(\log_3 x - 3)(\log_3 x + 2) = 0$
$\log_3 x = -2, 3$
よって, $x = \dfrac{1}{9}, 27$
これは, $x > 0$ を満たす。

# 8 図形と方程式

1次：計算技能対策　**PART I**

**1** 〈解答〉(1)① $(2, 1)$
② $(x-2)^2+(y-1)^2=20$
$(x^2+y^2-4x-2y-15=0)$
(2) $(-4, 1)$

〈解説〉(1)① 直径ＡＢの中点が円の中心なので，
中心 $\left(\dfrac{4+0}{2}, \dfrac{-3+5}{2}\right)=(2, 1)$

② ①より，中心は$(2, 1)$であり，
半径$=\dfrac{AB}{2}$
$=\dfrac{\sqrt{(4-0)^2+(-3-5)^2}}{2}$
$=2\sqrt{5}$

よって，円の方程式は，
$(x-2)^2+(y-1)^2=(2\sqrt{5})^2$
$(x-2)^2+(y-1)^2=20$

**2** 〈解答〉$(2, 5), (-2, 1)$

〈解説〉$y=x+3$ を円の方程式に代入して，
$(x-2)^2+(x+2)^2=16$
$2x^2+8=16$
$x^2=4$
$x=\pm 2$

$x=2$ のとき，$y=2+3=5$
$x=-2$ のとき，$y=-2+3=1$
よって，交点 $(2, 5), (-2, 1)$

**3** 〈解答〉(1) $a=1, b=-5$
(2)① $(-1, 2)$　② $(-8, 9)$
(3)① $(-1, 2)$　② $(-13, 14)$

〈解説〉(1) 線分ＡＢを1:2に内分する点は，$\left(\dfrac{1\times a+2\times 4}{1+2}, \dfrac{1\times b+2\times 1}{1+2}\right)$
$=\left(\dfrac{a+8}{3}, \dfrac{b+2}{3}\right)$

条件より，$\dfrac{a+8}{3}=3, \dfrac{b+2}{3}=-1$
よって，$a=1, b=-5$

(2)① 内分の公式より，線分ＡＢを3:2に内分する点は，
$\left(\dfrac{3\times(-3)+2\times 2}{3+2}, \dfrac{3\times 4+2\times(-1)}{3+2}\right)$
$=(-1, 2)$

② ＡＢを2:1に外分する点は，
$\left(\dfrac{2\times(-3)-1\times 2}{2-1}, \dfrac{2\times 4-1\times(-1)}{2-1}\right)$
$=(-8, 9)$

(3)① 線分ＡＢの中点は，
$\left(\dfrac{3-5}{2}, \dfrac{-2+6}{2}\right)=(-1, 2)$

② 線分ＡＢを2:1に外分する点は，
$\left(\dfrac{2\times(-5)-1\times 3}{2-1}, \dfrac{2\times 6-1\times(-2)}{2-1}\right)$
$=(-13, 14)$

〈参考〉2直線の交点を通る直線の方程式の求め方

2直線 $a_1x+b_1y+c_1=0$, $a_2x+b_2y+c_2=0$ があり，この2直線の交点を通る直線の方程式は，
$a_1x+b_1y+c_1+k(a_2x+b_2y+c_2)=0$
…①（$k$ は定数）になる。①は，
$(a_1+ka_2)x+(b_1+kb_2)y+c_1+kc_2=0$
なので，$x$ と $y$ の1次方程式より，直線を表す。

また，2直線の交点を$(X, Y)$とすると，
$a_1X+b_1Y+c_1=0$ かつ
$a_2X+b_2Y+c_2=0$ を満たすので，交点 $(X, Y)$ は $k$ の値に関わらず①を満たす。
よって，方程式①は2直線の交点を通る直線を表す。

# 9 複素数と方程式

**1** 〈解答〉(1) $12-i$ (2) $-\dfrac{2}{5}i$
(3) $8+2i$

〈解説〉(1) 分配して展開し，$i^2=-1$ に注意する。
与式 $= 2-5i+4i-10i^2 = 12-i$

(2) それぞれの分母を実数に変形する。
$$\dfrac{2+3i}{1+2i}=\dfrac{(2+3i)(1-2i)}{(1+2i)(1-2i)}$$
$$=\dfrac{2-4i+3i-6i^2}{1-4i^2}$$
$$=\dfrac{8-i}{5}$$

同様にして，
$$\dfrac{2-3i}{1-2i}=\dfrac{(2-3i)(1+2i)}{(1-2i)(1+2i)}$$
$$=\dfrac{8+i}{5}$$

与式 $=\dfrac{8-i}{5}-\dfrac{8+i}{5}=-\dfrac{2i}{5}$

(3) $\dfrac{4}{i}=\dfrac{4i}{i^2}=-4i$ と変形する。
与式 $= 9+6i+i^2-4i = 8+2i$

**2** 〈解答〉(1) $-1$ (2) $-\dfrac{1}{2}$

〈解説〉(1)
$$x+y=\dfrac{-1+\sqrt{2}i}{2}+\dfrac{-1-\sqrt{2}i}{2}$$
$$=-1$$

(2) $x+y$ と $xy$ を用いて表すことができる。
$$xy=\dfrac{-1+\sqrt{2}i}{2}\times\dfrac{-1-\sqrt{2}i}{2}$$
$$=\dfrac{1-2i^2}{4}=\dfrac{3}{4}$$
$$x^2+y^2=(x+y)^2-2xy$$
$$=(-1)^2-2\times\dfrac{3}{4}=-\dfrac{1}{2}$$

**3** 〈解答〉$x=4$, $y=7$

〈解説〉$a$, $b$, $c$, $d$ が実数のとき，
$a+bi=c+di \Leftrightarrow a=c$ かつ $b=d$

$$\dfrac{x+yi}{2+i}=3+2i$$
両辺×$(2+i)$ より，
$x+yi=(3+2i)(2+i)$
$=6+3i+4i+2i^2$
$=4+7i$
よって，$x=4$，$y=7$

**4** 〈解答〉$x=1$, $\dfrac{-1\pm\sqrt{3}i}{2}$

〈解説〉因数分解して解く。
$x^3-1=0$ より，
$(x-1)(x^2+x+1)=0$
$x-1=0$ のとき，$x=1$
$x^2+x+1=0$ のとき，解の公式より，
$x=\dfrac{-1\pm\sqrt{3}i}{2}$

〈参考〉実数係数の高次方程式の残りの解の求め方

〈例〉$x$ の高次方程式 $x^4+ax^2+b=0$ ($a$, $b$ は実数)の解が $2-\sqrt{3}i$ のとき，残りの解を求める。

係数はすべて実数なので，共役複素数の $2+\sqrt{3}i$ も解となり，
$x^4+ax^2+b$
$=(x-2+\sqrt{3}i)(x-2-\sqrt{3}i)(x^2+cx+d)$
と因数分解できる。右辺を展開して，
右辺 $=x^4+(c-4)x^3+(d-4c+7)x^2$
$+(-4d+7c)x+7d$
両辺は $x$ の恒等式なので，係数を比較して，$c-4=0$, $d-4c+7=a$,
$-4d+7c=0$, $7d=b$
ゆえに，$c=4$, $d=7$, $a=-2$, $b=49$
したがって，
$x^4+ax^2+b$
$=(x^2-4x+7)(x^2+4x+7)=0$
よって，$x=2\pm\sqrt{3}i$, $-2\pm\sqrt{3}i$
残りの解は，$2+\sqrt{3}i$, $-2\pm\sqrt{3}i$

## 10 微分積分

1 〈解答〉 $18x+6$ （$6(3x+1)$）
〈解説〉 $y=(3x+1)^2=9x^2+6x+1$
両辺を $x$ で微分して，$y'=18x+6$

2 〈解答〉(1) $\frac{4}{3}y^3-\frac{1}{2}y^2-y+C$ （$C$ は積分定数） (2) $\frac{1}{3}x^3-\frac{3}{2}x^2-18x+C$
（$C$ は積分定数）
〈解説〉(1)
$\int y^n dy=\frac{y^{n+1}}{n+1}+C$ （$C$ は積分定数）
を用いる。
$\int(4y^2-y-1)dy$
$=4\times\frac{y^3}{3}-\frac{y^2}{2}-y+C$
$=\frac{4}{3}y^3-\frac{1}{2}y^2-y+C$ （$C$ は積分定数）

(2) $\int f(x)dx$
$=\int(x^2-3x-18)dx$
$=\frac{1}{3}x^3-\frac{3}{2}x^2-18x+C$
（$C$ は積分定数）

3 〈解答〉(1) $\frac{3}{2}$　(2) $-\frac{243}{2}$
(3) $\frac{55}{6}$　(4) $-3$
〈解説〉(1) $f(x)$ の原始関数を $F(x)$ とすると，
$\int_a^b f(x)dx=\Big[F(x)\Big]_a^b=F(b)-F(a)$
と計算する。
$\int_{-2}^1(x^2+3x+1)dx$
$=\Big[\frac{x^3}{3}+\frac{3x^2}{2}+x\Big]_{-2}^1$
$=\frac{1}{3}+\frac{3}{2}+1-\Big(-\frac{8}{3}+6-2\Big)=\frac{3}{2}$

(2) 与式 $=\Big[\frac{x^3}{3}-\frac{3x^2}{2}-18x\Big]_{-3}^6$
$=\frac{216}{3}-54-108-\Big(-9-\frac{27}{2}+54\Big)$
$=-\frac{243}{2}$

(3) 与式 $=\Big[\frac{x^3}{3}+\frac{3x^2}{2}+x\Big]_{-3}^2$
$=\frac{8}{3}+6+2-\Big(-9+\frac{27}{2}-3\Big)$
$=\frac{55}{6}$

(4) 与式 $=\Big[\frac{x^3}{3}+x^2-x\Big]_{-2}^1$
$=\frac{1}{3}+1-1-\Big(-\frac{8}{3}+4+2\Big)$
$=-3$

〈参考〉積の微分（数学Ⅲの内容）
2 つの関数 $f(x)$ と $g(x)$ の積 $f(x)g(x)$ を $x$ で微分すると，
$(f(x)g(x))'=f'(x)g(x)+f(x)g'(x)$
が成り立つ。
（証明）$L(x)=f(x)g(x)$ とすると，
$L'(x)=\lim_{h\to 0}\frac{L(x+h)-L(x)}{h}$
$=\lim_{h\to 0}\frac{f(x+h)g(x+h)-f(x)g(x)}{h}$
$=\lim_{h\to 0}\frac{(f(x+h)-f(x))g(x+h)+f(x)(g(x+h)-g(x))}{h}$
$=\lim_{h\to 0}\Big\{\frac{f(x+h)-f(x)}{h}g(x+h)$
$\qquad+f(x)\frac{g(x+h)-g(x)}{h}\Big\}$
$=f'(x)g(x)+f(x)g'(x)$
よって，
$(f(x)g(x))'=f'(x)g(x)+f(x)g'(x)$
これを用いると，式を展開しなくても微分することができ便利。

## 11 1次：計算技能対策　ベクトル　PART I

**1** 〈解答〉(1) $x=-9$
(2) $\vec{x}=(-5, 3)$

〈解説〉(1) 条件より両辺の成分を比較する。$\vec{a}=t\vec{b}$ より，
$(-6, 4)=t(x, 6)=(tx, 6t)$
$-6=tx, 4=6t$
よって，$t=\frac{2}{3}, x=-9$

(2) $\vec{x}$ を $\vec{a}$ と $\vec{b}$ を用いて表す。
$4\vec{x}-2\vec{a}=3\vec{b}$ より，
$\vec{x}=\frac{1}{4}(2\vec{a}+3\vec{b})$
$=\frac{1}{4}\{2(-1, 3)+3(-6, 2)\}$
$=\frac{1}{4}(-20, 12)=(-5, 3)$

**2** 〈解答〉(1) $-1$　(2) $21\sqrt{3}$

〈解説〉(1) $\vec{a}=(a_1, a_2), \vec{b}=(b_1, b_2)$ のとき，内積 $\vec{a}\cdot\vec{b}=a_1b_1+a_2b_2$ と計算する。
$\vec{a}\cdot\vec{b}=-5\times3+2\times7=-1$
(2) $\vec{a}\cdot\vec{b}=3\times\sqrt{3}+2\sqrt{3}\times9=21\sqrt{3}$

**3** 〈解答〉(1) $90°$　(2) $30°$

〈解説〉(1) $\vec{a}$ と $\vec{b}$ のなす角を $\theta$ とすると，
$\cos\theta=\frac{\vec{a}\cdot\vec{b}}{|\vec{a}||\vec{b}|}$ より，
$\cos\theta=\frac{3\times2+2\times3+(-4)\times3}{\sqrt{3^2+2^2+(-4)^2}\cdot\sqrt{2^2+3^2+3^2}}$
$=0$
$0°\leq\theta\leq180°$ より，$\theta=90°$

(2) $|\vec{a}|=\sqrt{3^2+(2\sqrt{3})^2}=\sqrt{21}$
$|\vec{b}|=\sqrt{(\sqrt{3})^2+9^2}=\sqrt{84}=2\sqrt{21}$
$\vec{a}\cdot\vec{b}=3\sqrt{3}+18\sqrt{3}=21\sqrt{3}$

$\cos\theta=\frac{\vec{a}\cdot\vec{b}}{|\vec{a}||\vec{b}|}=\frac{21\sqrt{3}}{\sqrt{21}\cdot2\sqrt{21}}$
$=\frac{\sqrt{3}}{2}$
$0°\leq\theta\leq180°$ より，$\theta=30°$

**4** 〈解答〉$\vec{e}=\left(-\frac{1}{2}, \frac{\sqrt{3}}{2}\right)$

〈解説〉$\vec{a}$ と同じ向きの単位ベクトル $\vec{e}$ は
$\vec{e}=\frac{\vec{a}}{|\vec{a}|}$ なので，
$\vec{e}=\frac{1}{\sqrt{(-1)^2+(\sqrt{3})^2}}(-1, \sqrt{3})$
$=\frac{1}{2}(-1, \sqrt{3})=\left(-\frac{1}{2}, \frac{\sqrt{3}}{2}\right)$

〈参考〉直線上の点の位置ベクトルの表し方
点Pが直線AB上にあるとき，始点をOとすると，
$\vec{OP}=(1-t)\vec{OA}+t\vec{OB}$（$t$ は実数）
と表される。

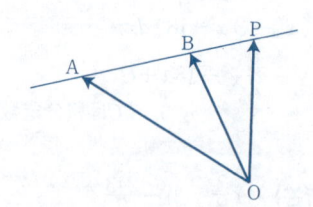

(証明) $\vec{OP}=\vec{OA}+\vec{AP}$
$=\vec{OA}+t\vec{AB}$
$=\vec{OA}+t(\vec{OB}-\vec{OA})$
$=(1-t)\vec{OA}+t\vec{OB}$

特に，点Pが線分AB上にあるときは，点PはABを $t:(1-t)$ に内分する点と考えて，
$\vec{OP}=(1-t)\vec{OA}+t\vec{OB}$（$0\leq t\leq1$）
と表される。

# 1 三角関数

2次：数理技能対策　PART I

[1] 〈解答〉ＣＡ＝ＣＢの二等辺三角形
〈解説〉加法定理を用いる。
$\sin A \cos B - \cos A \sin B = 0$ より，
$\sin(A-B) = 0$ …① 　$0° < A < 180°$，
$0° < B < 180°$ より，$-180° < A-B < 180°$
①から，$A-B = 0°$，$A = B$
よって，ＣＡ＝ＣＢの二等辺三角形。

[2] 〈解答〉$0° < A < 90°$ より，$\cos A \neq 0$
左辺の分母と分子を$\cos^2 A$で割って，
$$\text{左辺} = \frac{1-\tan^2 A}{\dfrac{1}{\cos^2 A} + 2\tan A}$$
$$= \frac{(1+\tan A)(1-\tan A)}{1+\tan^2 A + 2\tan A}$$
$$= \frac{(1+\tan A)(1-\tan A)}{(1+\tan A)^2}$$
$$= \frac{1-\tan A}{1+\tan A} = \text{右辺}$$
よって，左辺＝右辺
〈解説〉$1+\tan^2\theta = \dfrac{1}{\cos^2\theta}$ に着目する。

[3] 〈解答〉(1) ∠Ａ＝90°の直角三角形またはＡＢ＝ＡＣの二等辺三角形
(2) ∠Ｃ＝90°の直角三角形
〈解説〉(1) 和積の公式を用いる。
$\sin\alpha - \sin\beta = 2\cos\dfrac{\alpha+\beta}{2}\sin\dfrac{\alpha-\beta}{2}$
を用いて，$\sin 2B - \sin 2C = 0$ より，
$2\cos(B+C)\sin(B-C) = 0$
(ⅰ) $\cos(B+C) = 0$ のとき
$0° < B+C < 180°$ より，
$B+C = 90°$　よって，$A = 90°$
(ⅱ) $\sin(B-C) = 0$ のとき
$-180° < B-C < 180°$ より，

$B-C = 0°$　よって，$B = C$
(ⅰ)，(ⅱ)より，∠Ａ＝90°の直角三角形．
または，ＡＢ＝ＡＣの二等辺三角形。

(2) 和積の公式と2倍角の公式を用いる。
$\sin A + \sin B = 2\sin\dfrac{A+B}{2}\cos\dfrac{A-B}{2}$
$\cos A + \cos B = 2\cos\dfrac{A+B}{2}\cos\dfrac{A-B}{2}$
よって，$\dfrac{\sin A + \sin B}{\cos A + \cos B} = \tan\dfrac{A+B}{2}$
また，$\sin C = \sin(180° - (A+B))$
$= \sin(A+B) = \sin\left(2 \times \dfrac{A+B}{2}\right)$
$= 2\sin\dfrac{A+B}{2}\cos\dfrac{A+B}{2}$　よって，
$2\sin\dfrac{A+B}{2}\cos\dfrac{A+B}{2} = \tan\dfrac{A+B}{2}$
両辺×$\cos\dfrac{A+B}{2}$より，
$\sin\dfrac{A+B}{2}\left(2\cos^2\dfrac{A+B}{2} - 1\right) = 0$
$0° < \dfrac{A+B}{2} < 90°$ より，$\sin\dfrac{A+B}{2} > 0$
$2\cos^2\dfrac{A+B}{2} - 1 = 0$，$\cos^2\dfrac{A+B}{2} = \dfrac{1}{2}$
$0° < \dfrac{A+B}{2} < 90°$ より，$\cos\dfrac{A+B}{2} > 0$
だから，$\cos\dfrac{A+B}{2} = \dfrac{1}{\sqrt{2}}$
$\dfrac{A+B}{2} = 45°$　$A+B = 90°$
よって，∠Ｃ＝90°の直角三角形。

[4] 〈解答〉最大値3，最小値$-3$
〈解説〉2倍角の公式より，
$f(x) = 3 \times \dfrac{1+\cos 2x}{2} - 2\sqrt{3}\sin 2x - \dfrac{1-\cos 2x}{2}$
$= -2\sqrt{3}\sin 2x + 2\cos 2x + 1$
$= 4\sin(2x + 150°) + 1$
と変形して，最大，最小を求める。
$0° \leq x \leq 90°$ より，$150° \leq 2x + 150° \leq 330°$
よって，$-1 \leq \sin(2x+150°) \leq \dfrac{1}{2}$
$\sin(2x+150°) = \dfrac{1}{2}$ のとき，最大値3
$\sin(2x+150°) = -1$ のとき，最小値$-3$

## 2 指数関数・対数関数

2次：数理技能対策 PART I

**1** 〈解答〉(1) 7  (2) $10^8$倍（1億倍）

〈解説〉(1) 対数の性質を用いて変形する。
中性のとき $[H^+]=10^{-7}$ より，
$pH = \log_{10}\dfrac{1}{[H^+]} = \log_{10}1 - \log_{10}[H^+]$
$= 0 - \log_{10}10^{-7} = 7\log_{10}10 = 7$

(2) $pH = \log_{10}\dfrac{1}{[H^+]} = -\log_{10}[H^+]$ より，
$\log_{10}[H^+] = -pH$ ゆえに，$[H^+] = 10^{-pH}$
玉川温泉の水素イオン濃度をTとすると，$T = 10^{-1.2}$，大沢温泉の水素イオン濃度をLとすると，$L = 10^{-9.2}$
よって，$\dfrac{T}{L} = \dfrac{10^{-1.2}}{10^{-9.2}} = 10^8 = 1$ 億(倍)

**2** 〈解答〉9年後

〈解説〉年利率20％なので，1年後には預金は1.2倍，2年後には$1.2^2$倍，……となるので$n$年後には$1.2^n$倍。よって条件より，$200万 \times 1.2^n > 1000万$，$1.2^n > 5$
両辺の常用対数をとって，
$n\log_{10}1.2 > \log_{10}10$
$n\log_{10}\dfrac{2^2 \times 3}{10} > 1 - \log_{10}2$
$n(2\log_{10}2 + \log_{10}3 - 1) > 1 - \log_{10}2$
$\log_{10}2 = 0.301$，$\log_{10}3 = 0.4771$ より，
$0.0791n > 0.699$，$n > \dfrac{0.699}{0.0791}$，$n > 8.8$
ゆえに，$n \geq 9$  よって，9年後。

**3** 〈解答〉(1) 5桁  (2) 7桁

〈解説〉(1) $A$を$n$桁の数とすると，$10^{n-1} \leq A < 10^n$ に着目する。
$a^2$は9桁の数なので，$10^8 \leq a^2 < 10^9$ …①
$10^4 \leq a < 10^{4.5}$  よって，$a$は5桁。

(2) $a^2b^4$は34桁の数なので，
$10^{33} \leq a^2b^4 < 10^{34}$
$10^{33}a^{-2} \leq b^4 < 10^{34}a^{-2}$

①より，$10^{-9} < a^{-2} \leq 10^{-8}$ なので，
$10^{33} \cdot 10^{-9} \leq b^4 < 10^{34} \cdot 10^{-8}$
$10^{24} \leq b^4 < 10^{26}$
各辺を$\dfrac{1}{4}$乗して，$10^6 \leq b < 10^{6.5}$
よって，$b$は7桁。

**4** 〈解答〉$C < D < E < B < A$

〈解説〉$1 < a < b$ より，$\log_a a < \log_a b$
$1 < A$ …①  また，$\dfrac{a}{b} < 1$ より，
$\log_a \dfrac{a}{b} < 0$，$C < 0$ …②
$b < a^2$ より，$\log_b b < \log_b a^2$，$1 < 2\log_b a$
$\dfrac{1}{2} < \log_b a$，$\dfrac{1}{2} < B$  また，$a < b$ より，
$\log_b a < \log_b b$ ゆえに，$B < 1$
よって，$\dfrac{1}{2} < B < 1$ …③
また，$2D - 1 = 2\log_b \dfrac{b}{a} - \log_b b$
$= \log_b \left(\dfrac{b}{a}\right)^2 - \log_b b = \log_b \dfrac{b}{a^2}$
$0 < \dfrac{b}{a^2} < 1$，底$b > 1$ より，$\log_b \dfrac{b}{a^2} < 0$
$2D - 1 < 0$，$D < \dfrac{1}{2}$ …④
また，$1 < \dfrac{b}{a}$ より，
$0 < \log_b \dfrac{b}{a}$，$0 < D$ …⑤
①～⑤より，$C < D < \dfrac{1}{2} < B < A$

〈参考〉最高位の数字の求め方
**(例)** $7^{100}$の最高位の数字を求める。
$\log_{10}2 = 0.301$，$\log_{10}3 = 0.477$，
$\log_{10}7 = 0.845$ とする。
$\log_{10}7^{100} = 100\log_{10}7 = 84.5$ より，
$7^{100}$は85桁の数。
ゆえに，$7^{100}$の最高位の数字は$\dfrac{7^{100}}{10^{84}}$の1の位の数字になる。
$\log_{10}\dfrac{7^{100}}{10^{84}} = 100\log_{10}7 - 84 = 0.5$
$0.477 < 0.5 < 0.602$ より，
$\log_{10}3 < \log_{10}\dfrac{7^{100}}{10^{84}} < 2\log_{10}2 = \log_{10}4$
$3 < \dfrac{7^{100}}{10^{84}} < 4$ なので，1の位の数は3
よって，$7^{100}$の最高位の数字は3である。

## 3 場合の数と確率

2次：数理技能対策　PART 1

**1** 〈解答〉(1) $\dfrac{5}{126}$　(2) $\dfrac{10}{21}$

〈解説〉(1) 4枚とも奇数である場合の数は，5枚の奇数のカードから4枚選ぶので${}_5C_4$通り。求める確率$=\dfrac{{}_5C_4}{{}_9C_4}=\dfrac{5}{126}$

(2) (i) 奇数が1枚，偶数が3枚出るとき，カードの出方は，${}_5C_1\times{}_4C_3=20$(通り)

(ii) 奇数が3枚，偶数が1枚出るとき，カードの出方は，${}_5C_3\times{}_4C_1=40$(通り)

(i)，(ii)より，条件を満たすカードの出方は，$20+40=60$(通り)

$\dfrac{60}{{}_9C_4}=\dfrac{60}{126}=\dfrac{10}{21}$

**2** 〈解答〉(1) $\dfrac{11}{32}$　(2) $\dfrac{121}{1024}$

〈解説〉(1)

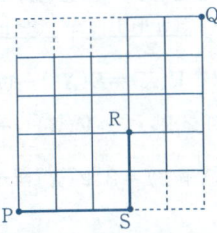

P→Rの道順は${}_5C_2$通り，すなわち10通りある。上図の点Sを通るときの移動は，上のみの1通り。点S以外を通るときの移動は，上または右の2通り。

よって，P→S→Rとすすむ確率は，$\left(\dfrac{1}{2}\right)^4$で，これ以外の残り9通りの道をすすむ確率は$\left(\dfrac{1}{2}\right)^5$より，求める確率は，
$\left(\dfrac{1}{2}\right)^4+\left(\dfrac{1}{2}\right)^5\times 9=\dfrac{11}{32}$

(2) BさんがQ→Rとすすむ道順も${}_5C_2$通り，すなわち10通りある。(1)と同様に考えて，BさんがRにすすむ確率も$\dfrac{11}{32}$

よって，求める確率$=\left(\dfrac{11}{32}\right)^2=\dfrac{121}{1024}$

**3** 〈解答〉$\dfrac{14}{81}$

〈解説〉勝負がつくときは7人とも2通りの出し方をするので$2^7$通り，このうち全員が同じ手を出す2通りを除いて，
$2^7-2=126$(通り)

グー，チョキ，パーから2つの手の選び方は${}_3C_2$通りなので，

求める確率$=\dfrac{(2^7-2)\times{}_3C_2}{3^7}=\dfrac{126}{3^6}$
$=\dfrac{126}{729}=\dfrac{14}{81}$

**4** 〈解答〉$\dfrac{22}{3}$

〈解説〉確率分布は，

| $X$ | 2 | 3 | 4 | 5 | 6 | 7 | 8 | 9 | 10 |
|---|---|---|---|---|---|---|---|---|---|
| $P$ | $\dfrac{1}{15^2}$ | $\dfrac{4}{15^2}$ | $\dfrac{10}{15^2}$ | $\dfrac{20}{15^2}$ | $\dfrac{35}{15^2}$ | $\dfrac{44}{15^2}$ | $\dfrac{46}{15^2}$ | $\dfrac{40}{15^2}$ | $\dfrac{25}{15^2}$ |

確率分布より，
期待値$E(X)=\dfrac{1}{15^2}(2\times 1+3\times 4+4\times 10+5\times 20+6\times 35+7\times 44+8\times 46+9\times 40+10\times 25)$
$=\dfrac{1650}{225}=\dfrac{22}{3}$

〈参考〉重複組合せ

$n$種類のものの中から重複を許して$r$個とる。組合せは${}_nH_r$通りあり，
${}_nH_r={}_{n+r-1}C_r$と計算する。

(例) みかん，りんご，かきがたくさんあり，5人に1個ずつ分ける。分け方は3種類のものの中から5個をとる組合せなので，
${}_3H_5={}_{3+5-1}C_5={}_7C_5=21$(通り)

# 4 確率統計

2次:数理技能対策 PART I

**1** 〈解答〉(1) $E(X)=8$ (2) $V(X)=31.5$
(3) $\sigma(X)\fallingdotseq 5.6$

〈解説〉(1) 確率分布は,

| $X$ | 0 | 1 | 5 | 6 | 10 | 11 | 15 | 16 |
|---|---|---|---|---|---|---|---|---|
| $P$ | $\frac{1}{8}$ | $\frac{1}{8}$ | $\frac{1}{8}$ | $\frac{1}{8}$ | $\frac{1}{8}$ | $\frac{1}{8}$ | $\frac{1}{8}$ | $\frac{1}{8}$ |

平均 $E(X)=(0+1+5+6+10+11$
$+15+16)\times\frac{1}{8}=8$

(2) 分散 $V(X)=E(X^2)-(E(X))^2$ を用いる。
$E(X^2)=(0^2+1^2+5^2+6^2+10^2+11^2$
$+15^2+16^2)\times\frac{1}{8}=\frac{764}{8}=\frac{191}{2}$
$V(x)=\frac{191}{2}-8^2=\frac{63}{2}=31.5$

(3) 標準偏差 $\sigma(X)=\sqrt{V(X)}$
$=\sqrt{31.5}\fallingdotseq 5.6$

**2** 〈解答〉

| $X$ | 1 | 2 | 3 | 4 |
|---|---|---|---|---|
| $P$ | $\frac{2}{5}$ | $\frac{3}{10}$ | $\frac{1}{5}$ | $\frac{1}{10}$ |

〈解説〉 $X$ のとりうる値は 1, 2, 3, 4 のいずれかであり, $X=1$ のとき, 2枚のカードの組合せは $(1,2),(2,3),(3,4),(4,5)$ の 4 通り。
$P(X=1)=\frac{4}{{}_5C_2}=\frac{4}{10}=\frac{2}{5}$
同様にして, $X=2, 3, 4$ に対応する確率を求めて確率分布を完成する。

**3** 〈解答〉 平均 $\frac{8}{3}$, 標準偏差 0.7

〈解説〉 $X$ の確率分布は,

| $X$ | 1 | 2 | 3 | 4 |
|---|---|---|---|---|
| $P$ | $\frac{1}{21}$ | $\frac{5}{14}$ | $\frac{10}{21}$ | $\frac{5}{42}$ |

平均 $E(X)=1\times\frac{1}{21}+2\times\frac{5}{14}+3\times$
$\frac{10}{21}+4\times\frac{5}{42}=\frac{112}{42}=\frac{8}{3}$
$E(X^2)=1^2\times\frac{1}{21}+2^2\times\frac{5}{14}$
$+3^2\times\frac{10}{21}+4^2\times\frac{5}{42}=\frac{322}{42}=\frac{23}{3}$
分散 $V(X)=E(X^2)-(E(X))^2$
$=\frac{23}{3}-\left(\frac{8}{3}\right)^2=\frac{5}{9}$
標準偏差 $\sigma(X)=\sqrt{V(X)}$
$=\frac{\sqrt{5}}{3}\fallingdotseq\frac{2.236}{3}\fallingdotseq 0.7$

**4** 〈解答〉 平均 $\frac{9n+5}{2}$,
分散 $\frac{27(n^2-1)}{4}$

〈解説〉 $E(aX+b)=aE(X)+b$,
$V(aX+b)=a^2V(X)$ を用いる。確率変数が一つの値をとる確率は $\frac{1}{n}$ より,
$E(X)=\frac{1}{n}(2+5+7+\cdots+3n-1)$
$=\frac{1}{n}\times\frac{n(2+3n-1)}{2}=\frac{3n+1}{2}$
$E(3X+1)=3E(X)+1$
$=3\times\frac{3n+1}{2}+1=\frac{9n+5}{2}$
同様に, $V(X)=E(X^2)-(E(X))^2$ から,
$V(X)$ を求めて, $V(X)=\frac{3(n^2-1)}{4}$
$V(3X+1)=3^2V(X)=\frac{27(n^2-1)}{4}$

〈参考〉 確率変数 $X$ が $x_i(i=1,2,3,\cdots,n)$ をとる確率 $p_i$ のとき, 確率変数 $aX+b$ の期待値 $E(ax+b)=aE(X)+b$ は成り立つ。
$E(aX+b)=\sum_{i=1}^{n}(ax_i+b)p_i$
$=a\sum_{i=1}^{n}x_ip_i+b\sum_{i=1}^{n}p_i=aE(X)+b$
また, 確率変数 $aX+b$ の分散 $V(aX+b)$
$=a^2V(X)$ は成り立つ。$E(X)=m$ とすると,
$V(aX+b)=\sum_{i=1}^{n}\{ax_i+b-(am+b)\}^2p_i$
$=a^2\{E(X^2)-2m^2+m^2\}$
$=a^2\{E(X^2)-m^2\}$ ← $E(X)=m$
$\qquad\qquad\qquad V(X)=E(X^2)-E(X)$
$=a^2V(X)$

## 5 式と証明

2次：数理技能対策 PART I

[1] 〈解答〉(1)① 左辺−右辺
$= a^2 - a + 3b^2 - 3b + 5c^2 - 5c + \dfrac{9}{4}$
$= \left(a - \dfrac{1}{2}\right)^2 + 3\left(b - \dfrac{1}{2}\right)^2 + 5\left(c - \dfrac{1}{2}\right)^2$
$\geq 0$
よって，左辺≧右辺が成立。
② ①の等号成立の条件は，$a - \dfrac{1}{2} = 0$
かつ $b - \dfrac{1}{2} = 0$ かつ $c - \dfrac{1}{2} = 0$ のとき。
よって，$a = b = c = \dfrac{1}{2}$ のとき。

(2)① 左辺−右辺 $= \dfrac{a^2}{b} + \dfrac{b^2}{a} - a - b$
$= \dfrac{1}{ab}(a^3 + b^3 - a^2 b - ab^2)$
$= \dfrac{1}{ab}\{a^2(a-b) - b^2(a-b)\}$
$= \dfrac{1}{ab}(a^2 - b^2)(a-b)$
$= \dfrac{1}{ab}(a-b)^2(a+b)$
$a > 0$ かつ $b > 0$ より，
$\dfrac{1}{ab}(a-b)^2(a+b) \geq 0$
よって，左辺≧右辺が成立。
② 等号成立の条件は，$(a-b)^2 = 0$
のとき。よって，$a = b$ のとき。

(3)① 左辺−右辺
$= a^2 - a + 2b^2 - 2b + 3c^2 - 3c + \dfrac{3}{2}$
$= \left(a - \dfrac{1}{2}\right)^2 + 2\left(b - \dfrac{1}{2}\right)^2 + 3\left(c - \dfrac{1}{2}\right)^2$
$\geq 0$
よって，左辺≧右辺
② 等号成立の条件は，$a - \dfrac{1}{2} = 0$ かつ $b - \dfrac{1}{2} = 0$ かつ $c - \dfrac{1}{2} = 0$ のとき。
よって，$a = b = c = \dfrac{1}{2}$ のとき。

[2] 〈解答〉(1) 右辺−左辺
$= a_1 b_1 - a_1 b_2 - a_2 b_1 + a_2 b_2$
$= a_1(b_1 - b_2) - a_2(b_1 - b_2)$
$= (a_1 - a_2)(b_1 - b_2)$
$a_1 \leq a_2$ かつ $b_1 \leq b_2$ より，$a_1 - a_2 \leq 0$
かつ $b_1 - b_2 \leq 0$
ゆえに，$(a_1 - a_2)(b_1 - b_2) \geq 0$
よって，左辺≦右辺

(2) 等号成立の条件は，$a_1 - a_2 = 0$ または $b_1 - b_2 = 0$ のとき。
よって，$a_1 = a_2$ または $b_1 = b_2$ のとき。

[3] 〈解答〉(1) 左辺−右辺
$= a^n - a^{n-1} b + b^n - a b^{n-1}$
$= a^{n-1}(a-b) - b^{n-1}(a-b)$
$= (a-b)(a^{n-1} - b^{n-1})$
$n \geq 2$ のとき
(i) $a > b > 0$ のとき，$a^{n-1} > b^{n-1}$
$(a-b)(a^{n-1} - b^{n-1}) > 0$
よって，左辺>右辺
(ii) $a = b$ のとき，$a - b = 0$
よって，左辺=右辺
(iii) $0 < a < b$ のとき，$a^{n-1} < b^{n-1}$
$(a-b)(a^{n-1} - b^{n-1}) > 0$
よって，左辺>右辺
(i)〜(iii)より，左辺≧右辺が成立。
$n = 1$ のとき
左辺 $= a + b$，右辺 $= a + b$
よって，左辺=右辺が成立。

(2) 等号成立の条件は，$a - b = 0$ または $a^{n-1} - b^{n-1} = 0$ のとき。
よって，$a = b$ または $n = 1$

## 6 複素数と方程式

2次：数理技能対策　PART1

**1** 〈解答〉$(x, y)=(1\pm\sqrt{2}i, 1\mp\sqrt{2}i)$
（複号同順）または$(1, 2)$, $(2, 1)$

〈解説〉$x+y=s$, $xy=t$とおいて$s$と$t$の関係式をつくる。

与えられた条件式は，$s+t=5$, $st=6$
$s$と$t$は$X^2-5X+6=0$の2解なので，
$(X-2)(X-3)=0$
$$X=2, 3$$

(i) $s=2$, $t=3$のとき，$x+y=2$，
$xy=3$より，$x$と$y$は$u^2-2u+3=0$
の2解で，解の公式より，$u=1\pm\sqrt{2}i$
よって，$(x, y)$
$=(1\pm\sqrt{2}i, 1\mp\sqrt{2}i)$（複号同順）

(ii) $s=3$, $t=2$のとき，$x+y=3$，
$xy=2$より，$x$と$y$は$u^2-3u+2=0$
の2解で，$(u-1)(u-2)=0$
$$u=1, 2$$
よって，$(x, y)=(1, 2), (2, 1)$

**2** 〈解答〉$a=-7$, $b=2$　残りの解は，$2-\sqrt{3}$と$-2$

〈解説〉係数がすべて有理数なので，
$2+\sqrt{3}$を解にもつならば，$2-\sqrt{3}$も解となる。残りの解を$c$とすると，解と係数の関係より，
$2+\sqrt{3}+2-\sqrt{3}+c=2$
$(2+\sqrt{3})(2-\sqrt{3})+(2-\sqrt{3})c$
$\qquad\qquad\qquad+c(2+\sqrt{3})=a$
$(2+\sqrt{3})(2-\sqrt{3})c=-b$
この3式を解いて，
$c=-2$, $a=-7$, $b=2$
よって，$a=-7$, $b=2$
残りの解は，$2-\sqrt{3}$と$-2$

**3** 〈解答〉$a_{n+1}=a_n-a_{n-1}$

〈解説〉$\alpha$は$\alpha^2-\alpha+1=0$を満たすので，$\alpha^2=\alpha-1$
両辺$\times\alpha^{n-1}$より，
$\alpha^{n+1}=\alpha^n-\alpha^{n-1}$…①
同様にして，$\beta^{n+1}=\beta^n-\beta^{n-1}$…②
①+②より，
$\alpha^{n+1}+\beta^{n+1}$
$=\alpha^n+\beta^n-(\alpha^{n-1}+\beta^{n-1})$
よって，$a_{n+1}=a_n-a_{n-1}$

**4** 〈解答〉$a<0$のとき0個，$a=0$，$4<a$のとき2個，$a=4$のとき3個，$0<a<4$のとき4個

〈解説〉$t=x+\dfrac{1}{x}$とおくと，
$f(x)=t^2-2-8t+18$
$\quad=t^2-8t+16=(t-4)^2$
また$x>0$より，相加・相乗平均の関係より，$x+\dfrac{1}{x}\geq 2\sqrt{x\times\dfrac{1}{x}}$
ゆえに，$t\geq 2$
$g(t)=(t-4)^2$ ($t\geq 2$) において，
$g(t)=a$の解は$a<0$のとき0個，
$a=0$, $4<a$のとき1個，$0<a\leq 4$のとき2個。
ここで，$t=t_1$のとき，$x+\dfrac{1}{x}=t_1$
$x^2-t_1x+1=0$
$x=\dfrac{t_1\pm\sqrt{t_1^2-4}}{2}$

したがって，$t_1\neq 2$のとき，$t_1$に対応する$x$は2個，$t_1=2$のとき$x$は1個。
よって，$a<0$のとき解$x$の個数は0個，
$a=0$, $4<a$のとき解$x$の個数は2個，
$a=4$のとき解$x$の個数は3個，
$0<a<4$のとき解$x$の個数は4個。

## 7 図形と方程式

2次:数理技能対策 PART I

[1] 〈解答〉(1) 右図の斜線部分で境界を含む。

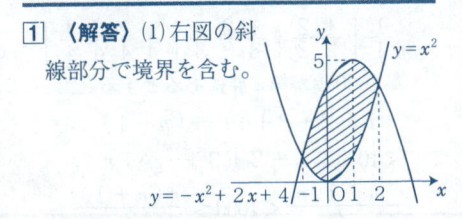

(2) 最大値 $\dfrac{25}{4}$、最小値 $-\dfrac{1}{4}$

〈解説〉(2) $x+y=k$ とおいて、
$y=-x+k$ …①
領域 $S$ を通る直線①の $y$ 切片の最大値・最小値を求めればよい。
①と $y=-x^2+2x+4$ が接するとき、
$y'=-1$ とおいて、$-2x+2=-1$
$x=\dfrac{3}{2}$
よって、点 $\left(\dfrac{3}{2},\ \dfrac{19}{4}\right)$ で接していて、この点は領域 $S$ 内にある。このとき $y$ 切片 $k$ は最大になり、$k=\dfrac{3}{2}+\dfrac{19}{4}=\dfrac{25}{4}$
また、①と $y=x^2$ が接するとき、
$y'=-1$ とおいて、$2x=-1$
$x=-\dfrac{1}{2}$
よって、点 $\left(-\dfrac{1}{2},\ \dfrac{1}{4}\right)$ で接する。この点は領域 $S$ 内にあり、このとき $y$ 切片 $k$ は最小となり、$k=-\dfrac{1}{2}+\dfrac{1}{4}=-\dfrac{1}{4}$

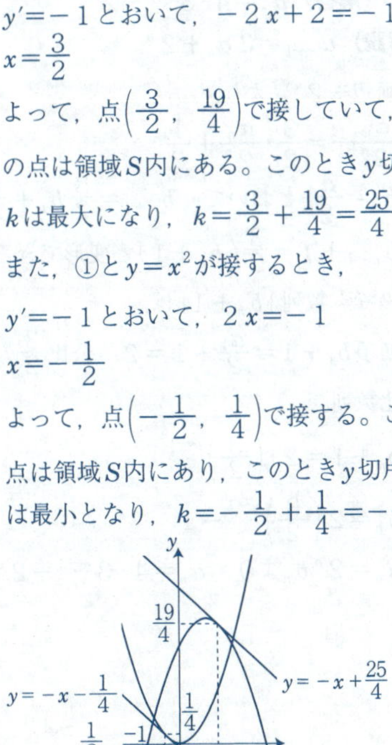

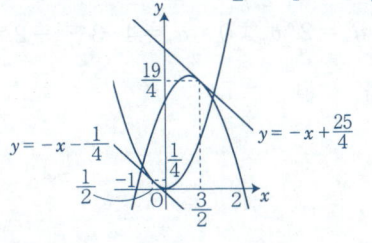

[2] 〈解答〉放物線 $y=-3x^2-\dfrac{2}{3}$

〈解説〉$A(\alpha,\ -\alpha^2)$、$B(\beta,\ -\beta^2)$ とおくと、$OA\perp OB$ より、
$(OAの傾き)\times(OBの傾き)=-1$
$(-\alpha)(-\beta)=-1$、$\alpha\beta=-1$ …①
△AOB の重心 G の座標は、
$G\left(\dfrac{\alpha+\beta}{3},\ -\dfrac{\alpha^2+\beta^2}{3}\right)$
$X=\dfrac{\alpha+\beta}{3}$、$Y=-\dfrac{\alpha^2+\beta^2}{3}$ とおくと、
$\alpha+\beta=3X$ より、
$Y=-\dfrac{(\alpha+\beta)^2-2\alpha\beta}{3}=-\dfrac{(3X)^2+2}{3}$
$Y=-3X^2-\dfrac{2}{3}$
よって、$y=-3x^2-\dfrac{2}{3}$

[3] 〈解答〉$P\left(\dfrac{8}{5},\ \dfrac{2}{5}\right)$

〈解説〉直線 $y=-x+2$ に関して点 B と対称な点を B' とすると、BP=B'P なので、AP+BP=AP+B'P≧AB'
よって、AP+BP の最小値は AB' となる。直線 AB' と直線 $y=-x+2$ の交点を P とすればよい。
点 B'$(a,\ b)$ とすると、BB'⊥直線 $y=-x+2$ より、BB' の傾き=1
$\dfrac{b}{a-6}=1$
$b=a-6$ …①
また、BB' の中点 $\left(\dfrac{a+6}{2},\ \dfrac{b}{2}\right)$ は直線 $y=-x+2$ 上にあるので、
$\dfrac{b}{2}=-\dfrac{a+6}{2}+2$ …②
①、②を解いて、B'$(2,\ -4)$
直線 AB' の方程式は、
$y=-11(x-1)+7=-11x+18$
$y=-x+2$ との交点は、$\left(\dfrac{8}{5},\ \dfrac{2}{5}\right)$
よって、求める点 $P\left(\dfrac{8}{5},\ \dfrac{2}{5}\right)$

## 8 数列　2次：数理技能対策　PART I

**1** 〈解答〉(1) $a_2=2$, $a_3=3$, $a_4=4$
(2) (1)より, $a_n=n$と推測できる。
(i) $n=1$のとき
$a_1=1$となり, 成立する。
(ii) $n=k$のとき
$k\geqq 2$のとき, $a_k=k$と仮定すると,
$a_{k+1}=\dfrac{a_k}{k}+k=\dfrac{k}{k}+k$
$a_{k+1}=k+1$
よって, $n=k+1$のときも成立する。
(i), (ii)より, 数学的帰納法によりすべての自然数$n$について$a_n=n$が成立。

〈解説〉(1) $a_{n+1}=\dfrac{a_n}{n}+n$について,
$n=1$とおいて, $a_2=a_1+1=1+1=2$
$n=2$とおいて, $a_3=\dfrac{a_2}{2}+2=1+2=3$
$n=3$とおいて, $a_4=\dfrac{a_3}{3}+3=1+3=4$

**2** 〈解答〉$a_n=\dfrac{1}{n(n+1)}$

〈解説〉$S_n=\displaystyle\sum_{k=1}^{n}\dfrac{1}{a_k}=\dfrac{n(n+1)(n+2)}{3}$とおくと,
$n\geqq 2$のとき,
$\dfrac{1}{a_n}=S_n-S_{n-1}$
$=\dfrac{n(n+1)(n+2)}{3}-\dfrac{(n-1)n(n+1)}{3}$
$=n(n+1)$
$n\geqq 2$のとき, $a_n=\dfrac{1}{n(n+1)}$
$n=1$とおくと, $a_1=\dfrac{1}{2}$
また, $S_1=\dfrac{1}{a_1}=\dfrac{1\cdot 2\cdot 3}{3}=2$
$a_1=\dfrac{1}{2}$なので, $n=1$のときも成立する。
よって, $a_n=\dfrac{1}{n(n+1)}$

**3** 〈解答〉$\dfrac{10}{45}$

〈解説〉仕切りを入れて下のような群に分ける。

第1群　第2群　　第3群　　　第4群
$\dfrac{1}{1}$ | $\dfrac{1}{2}\;\dfrac{2}{2}$ | $\dfrac{1}{3}\;\dfrac{2}{3}\;\dfrac{3}{3}$ | $\dfrac{1}{4}\;\dfrac{2}{4}\;\dfrac{3}{4}\;\dfrac{4}{4}$ | …

第1000項が第$n$群にあるとすると,
$1+2+3+\cdots+(n-1)$
$<1000\leqq 1+2+3+\cdots+n$
$\dfrac{(n-1)n}{2}<1000\leqq\dfrac{n(n+1)}{2}$
$(n-1)n<2000\leqq n(n+1)$
ゆえに, $n=45$, 第44群の最後の項は,
$1+2+3+\cdots+44=990$(項)
よって, 第1000項は第45群の10番目の項なので, $\dfrac{10}{45}$

**4** 〈解答〉$a_n=4\cdot 3^{n-1}-2^n$

〈解説〉$a_{n+1}=3a_n+2^n$
両辺$\div 2^{n+1}$より,
$\dfrac{a_{n+1}}{2^{n+1}}=\dfrac{3}{2}\cdot\dfrac{a_n}{2^n}+\dfrac{1}{2}$
$b_n=\dfrac{a_n}{2^n}$とおいて, $b_{n+1}=\dfrac{3}{2}b_n+\dfrac{1}{2}$
$b_{n+1}+1=\dfrac{3}{2}(b_n+1)$と変形できるので, 数列$\{b_n+1\}$は,
初項$b_1+1=\dfrac{a_1}{2}+1=2$, 公比$\dfrac{3}{2}$の等比数列。
$b_n+1=2\cdot\left(\dfrac{3}{2}\right)^{n-1}$
$b_n=2\left(\dfrac{3}{2}\right)^{n-1}-1$
$a_n=2^n b_n$より, $a_n=4\cdot 3^{n-1}-2^n$

# 9 ベクトル

## 2次:数理技能対策 PART I

**1** 〈解答〉(1) $\overrightarrow{AF} = \dfrac{1}{5}\vec{a} + \dfrac{9}{10}\vec{b}$

(2) DP:PC = 2:7

〈解説〉(1) 内分の位置ベクトルの公式より,

$$\overrightarrow{AF} = \dfrac{1\cdot\overrightarrow{AE} + 4\cdot\overrightarrow{AD}}{5}$$

$$= \dfrac{\vec{a} + \dfrac{1}{2}\vec{b} + 4\vec{b}}{5} = \dfrac{1}{5}\vec{a} + \dfrac{9}{10}\vec{b}$$

(2) $\overrightarrow{AP} = k\overrightarrow{AF}$ ($k$は定数)とおくと,

$\overrightarrow{AP} = \dfrac{k}{5}\vec{a} + \dfrac{9k}{10}\vec{b}$ …①

また,DP:PC = $s$:($1-s$) とおくと,

$\overrightarrow{AP} = \overrightarrow{AD} + \overrightarrow{DP} = \vec{b} + s\vec{a}$ …②

①,②より $\vec{a}$と$\vec{b}$は一次独立なので,

$\dfrac{k}{5} = s$ かつ $\dfrac{9k}{10} = 1$, $k = \dfrac{10}{9}$, $s = \dfrac{2}{9}$

よって,DP:PC = 2:7

**2** 〈解答〉$a = -7$

〈解説〉点Pが平面ABC上にあるためには,$\overrightarrow{OP} = s\overrightarrow{OA} + t\overrightarrow{OB} + u\overrightarrow{OC}$, $s + t + u = 1$ …① と表せればよい。

$(13, -9, a)$
$= s(3, -2, 4) + t(-1, 3, 6) + u(5, 1, -3)$
$= (3s - t + 5u, -2s + 3t + u, 4s + 6t - 3u)$

$13 = 3s - t + 5u$ …②
$-9 = -2s + 3t + u$ …③
$a = 4s + 6t - 3u$ …④

①,②,③を解いて,$s = 2$, $t = -2$, $u = 1$  ④に代入して,$a = -7$

**3** 〈解答〉(1) $\overrightarrow{OD} = \dfrac{\vec{b} + \vec{c} + \vec{p}}{3}$

(2) $\overrightarrow{DE} = \dfrac{\vec{a} - \vec{b}}{3}$　(3) $\dfrac{1}{9}S$

〈解説〉(1) 三角形PBCの重心Dの位置ベクトルは,

$\overrightarrow{OD} = \dfrac{\overrightarrow{OB} + \overrightarrow{OC} + \overrightarrow{OP}}{3} = \dfrac{\vec{b} + \vec{c} + \vec{p}}{3}$

(2) 点Eは△PACの重心なので,

$\overrightarrow{OE} = \dfrac{\vec{p} + \vec{a} + \vec{c}}{3}$

$\overrightarrow{DE} = \overrightarrow{OE} - \overrightarrow{OD}$
$= \dfrac{\vec{p} + \vec{a} + \vec{c}}{3} - \dfrac{\vec{b} + \vec{c} + \vec{p}}{3}$
$= \dfrac{\vec{a} - \vec{b}}{3}$

(3) (2)より,$\overrightarrow{DE} = \dfrac{1}{3}(\vec{a} - \vec{b}) = \dfrac{1}{3}\overrightarrow{BA}$

ゆえに,$DE = \dfrac{1}{3}AB$, 同様にDF = $\dfrac{1}{3}$AC, EF = $\dfrac{1}{3}$BC  よって,3つの辺の比が等しいので,△ABC∽△DEF  相似比は3:1なので,面積比は,$3^2 : 1^2 = 9 : 1$  よって,△DEF = $\dfrac{1}{9}S$

**4** 〈解答〉$\overrightarrow{OQ} = \dfrac{2}{9}\vec{a} + \dfrac{5}{12}\vec{b}$

〈解説〉$\overrightarrow{OQ}$は$\overrightarrow{OA}$と$\overrightarrow{OB}$で表されることに着目。4点O,A,B,Qは同一平面上にあるので,$\overrightarrow{OQ} = s\overrightarrow{OA} + t\overrightarrow{OB}$ ($s$, $t$は定数)と表せる。辺OAと辺OBの中点をそれぞれM,Nとすると,

$\overrightarrow{MQ} = \overrightarrow{OQ} - \overrightarrow{OM} = s\vec{a} + t\vec{b} - \dfrac{1}{2}\vec{a}$
$= \left(s - \dfrac{1}{2}\right)\vec{a} + t\vec{b}$

$\overrightarrow{NQ} = \overrightarrow{OQ} - \overrightarrow{ON} = s\vec{a} + t\vec{b} - \dfrac{1}{2}\vec{b}$
$= s\vec{a} + \left(t - \dfrac{1}{2}\right)\vec{b}$

ここで,$\overrightarrow{MQ} \perp \overrightarrow{OA}$ かつ $\overrightarrow{NQ} \perp \overrightarrow{OB}$ より,$\overrightarrow{MQ} \cdot \overrightarrow{OA} = 0$ かつ $\overrightarrow{NQ} \cdot \overrightarrow{OB} = 0$

この2式から$s$と$t$の連立方程式を解いて,$s = \dfrac{2}{9}$, $t = \dfrac{5}{12}$

よって,$\overrightarrow{OQ} = \dfrac{2}{9}\vec{a} + \dfrac{5}{12}\vec{b}$

## 10 微分積分

2次：数理技能対策 PART I

**1** 〈解答〉(1) $a = -9$  (2) 32

〈解説〉(1) $x=1$ で極値をもつとき，
$f'(1) = 0$
$f'(x) = 3x^2 + 6x + a$ より，
$9 + a = 0$, $a = -9$
このとき，$f'(x) = 3(x^2 + 2x - 3)$
$f'(x) = 3(x+3)(x-1)$, $f'(x) = 0$
とおいて，$x = -3, 1$

| $x$ | … | $-3$ | … | $1$ | … |
|---|---|---|---|---|---|
| $f'(x)$ | $+$ | $0$ | $-$ | $0$ | $+$ |
| $f(x)$ | ↗ | | ↘ | | ↗ |

よって，増減表より $a = -9$ のとき，$x = 1$ で極値をとる。

(2) (1)より，$a = -9$ なので，
$f(x) = x^3 + 3x^2 - 9x + b$
極大値 － 極小値 $= f(-3) - f(1)$
$= 27 + b - (-5 + b) = 32$

**(別解)** $f'(x) = 3(x+3)(x-1)$ なので，
$f(-3) - f(1) = \int_1^{-3} f'(x) dx$
$= \int_1^{-3} 3(x+3)(x-1) dx$
$= -3 \int_{-3}^1 \{x-(-3)\}(x-1) dx$
$= 3 \times \dfrac{\{1-(-3)\}^3}{6} = \dfrac{64}{2} = 32$

**2** 〈解答〉(1) $y = 2x$  (2) $\dfrac{8}{3}$

〈解説〉(1) $y' = 2x - 2$ より，$x = 2$ のとき，$y' = 2$  よって，接線 $\ell$ の傾きは 2 で点 $(2, 4)$ を通るので，
$y = 2(x-2) + 4$
$y = 2x$

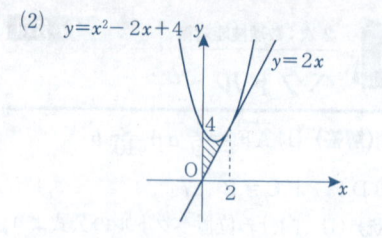

(2) $y = x^2 - 2x + 4$, $y = 2x$

求める面積
$= \int_0^2 (x^2 - 2x + 4 - 2x) dx$
$= \int_0^2 (x-2)^2 dx$
$= \left[\dfrac{(x-2)^3}{3}\right]_0^2 = \dfrac{0 - (-2)^3}{3} = \dfrac{8}{3}$

**3** 〈解答〉$f(x) = \dfrac{72}{35}x + \dfrac{9}{35}$

〈解説〉変数と定数を区別して考える。
$f(x) = 4x \int_{-1}^1 f(t) dt - 2 \int_{-1}^1 t f(t) dt + 3$

$\int_{-1}^1 f(t) dt$ と $\int_{-1}^1 t f(t) dt$ は定数なので，
$a = \int_{-1}^1 f(t) dt$,
$b = -2 \int_{-1}^1 t f(t) dt + 3$ ($a$ と $b$ は定数)とおいて，
$f(x) = 4ax + b$
$a = \int_{-1}^1 f(t) dt = \int_{-1}^1 (4at + b) dt = 2b$
$a = 2b$ …①
また，$b = -2 \int_{-1}^1 (4at^2 + bt) dt + 3$
$= -\dfrac{16a}{3} + 3$, $b = -\dfrac{16a}{3} + 3$ …②
①，②を解いて，$a = \dfrac{18}{35}$, $b = \dfrac{9}{35}$
$f(x) = \dfrac{72}{35}x + \dfrac{9}{35}$

## 11 2次：数理技能対策 PART1 思考力を問う問題・作図

[1] 〈解答〉1が6個, 2が3個, 3が2個, 4が1個, 5が1個, 6が2個, 7が1個, 8が1個 9が1個

〈解説〉$k$の個数を$a_k$($k$は1以上9以下の整数)とする。もし$a_9 \geq 2$とすると, $a_1 \sim a_8$のどれかが9になる。
$a_i = 9$($1 \leq i \leq 8$)とすると, □の中に$i$が8個入るが, 残りの□の数が7個しかないため, 矛盾。よって, $a_9 = 1$
次に, もし$a_8 \geq 2$とすると, $a_1 \sim a_7$までのどれかが8になる。
$a_j = 8$($1 \leq j \leq 7$)とすると, 残りの□の6個すべてに$j$が入ることになり矛盾。
よって, $a_8 = 1$
同様にして, $a_7 = 1$
次に, もし$a_6 \geq 3$とすると,
$a_n = 6$($1 \leq n \leq 5$)を満たす番号$n$が2以上存在し, 残りの□の数が3個しかないので矛盾。また, $a_6 = 1$とすると, 残りの□には1, 2, 3, 4, 5しか入らないが, $a_5 = 1, 2, 3, 4, 5$のすべての場合について矛盾が生じる。
よって, $a_6 = 2$
以下同様に考えて, $a_5 = 1$, $a_4 = 1$, $a_3 = 2$, $a_2 = 3$, $a_1 = 6$

[2] 〈解答〉$k = 1$のとき, 1の位
$k = 2$のとき, 小数第2位
$k = 3$のとき, 小数第5位

〈解説〉関係式を用いて, $a_k$, $b_k$の値を求める。
$a_1 = \dfrac{2 \cdot 1 \cdot 2}{1 + 2} \fallingdotseq 1.333$, $b_1 = \dfrac{3}{2} = 1.5$
よって, 1の位まで等しい。

$a_2 = \dfrac{2 a_1 b_1}{a_1 + b_1} = \dfrac{2 \cdot \frac{4}{3} \cdot \frac{3}{2}}{\frac{4}{3} + \frac{3}{2}} = \dfrac{24}{17}$
$\fallingdotseq 1.411$
$b_2 = \dfrac{a_1 + b_1}{2} = \dfrac{\frac{4}{3} + \frac{3}{2}}{2} = \dfrac{17}{12} \fallingdotseq 1.4166$
よって, 小数第2位まで等しい。
$a_3 = \dfrac{2 a_2 b_2}{a_2 + b_2} = \dfrac{2 \cdot \frac{24}{17} \cdot \frac{17}{12}}{\frac{24}{17} + \frac{17}{12}} = \dfrac{816}{577}$
$\fallingdotseq 1.4142114$
$b_3 = \dfrac{a_2 + b_2}{2} = \dfrac{\frac{24}{17} + \frac{17}{12}}{2} = \dfrac{577}{408}$
$\fallingdotseq 1.4142156$
よって, 小数第5位まで等しい。

[3] 〈解答〉42通り

〈解説〉つねに500円硬貨の枚数が1000円札の枚数以上でなければならない。500円硬貨を持った客を$x$, 1000円札を持った客を$y$として, $x$を5個, $y$を5個をすべて一列に並べる順列で, かつ$x$の個数がつねに$y$の個数以上である場合を考えればよい。これは最短経路の道順の求め方に帰着できる。

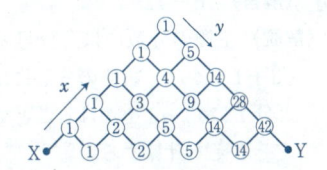

上図のXからYに向かって進む道順は, 右上の移動を$x$, 右下の移動を$y$とすると常に$x$の個数は$y$の個数以上になる。条件を満たすXからYまでの各点を通る場合の数を順次求めていくと, 42通り。

# 2級 第1回
## 1次：計算技能検定

**PART II**

① 〈解答〉$27x^3 - 27x^2y + 9xy^2 - y^3$

〈解説〉展開公式
$$(A-B)^3 = A^3 - 3A^2B + 3AB^2 - B^3$$
の公式で，$A=3x$，$B=y$を代入して計算すると，
$$(3x-y)^3$$
$$= (3x)^3 - 3(3x)^2y + 3(3x)y^2 - y^3$$
$$= 27x^3 - 27x^2y + 9xy^2 - y^3$$
となる。

② 〈解答〉$(x+2y-1)(x-y+2)$

〈解説〉かけて$-(2y-1)(y-2)$，たして$y+1$となる2式は$2y-1$と$-(y-2)$だから，
$$x^2 + (y+1)x - (2y-1)(y-2)$$
$$= \{x+(2y-1)\}\{x-(y-2)\}$$
$$= (x+2y-1)(x-y+2)$$

```
  1       2y-1    →    2y-1
  1    ×  -(y-2)  →    -y+2
  ─────────────────────────
                         y+1
```

③ 〈解答〉$\sqrt{6} - \sqrt{2}$

〈解説〉左側の分数には，分母と分子に$\sqrt{3}+1$をかけ，右側の分数には，分母と分子に$\sqrt{3}-1$をかけることで，分母をそろえて計算する。

左側
$$\frac{\sqrt{2}}{\sqrt{3}-1}$$
$$= \frac{\sqrt{2}(\sqrt{3}+1)}{(\sqrt{3}-1)(\sqrt{3}+1)}$$
$$= \frac{\sqrt{6}+\sqrt{2}}{3-1}$$
$$= \frac{\sqrt{6}+\sqrt{2}}{2}$$

右側
$$\frac{\sqrt{6}}{\sqrt{3}+1}$$
$$= \frac{\sqrt{6}(\sqrt{3}-1)}{(\sqrt{3}+1)(\sqrt{3}-1)}$$
$$= \frac{3\sqrt{2}-\sqrt{6}}{3-1}$$
$$= \frac{3\sqrt{2}-\sqrt{6}}{2}$$

よって，
$$\frac{\sqrt{2}}{\sqrt{3}-1} - \frac{\sqrt{6}}{\sqrt{3}+1}$$
$$= \frac{\sqrt{6}+\sqrt{2}}{2} - \frac{3\sqrt{2}-\sqrt{6}}{2}$$
$$= \frac{\sqrt{6}+\sqrt{2}-(3\sqrt{2}-\sqrt{6})}{2}$$
$$= \frac{\sqrt{6}+\sqrt{2}-3\sqrt{2}+\sqrt{6}}{2}$$
$$= \frac{2\sqrt{6}-2\sqrt{2}}{2}$$
$$= \sqrt{6} - \sqrt{2}$$

④ 〈解答〉$\dfrac{\sqrt{3}}{2}$

〈解説〉$\sin^2 A + \cos^2 A = 1$ なので，ここに$\cos A = \dfrac{1}{2}$を代入して計算する。

$A$が鋭角（すなわち$0° < A < 90°$であることに注意）。

$$\sin^2 A + \left(\frac{1}{2}\right)^2 = 1$$
$$\sin^2 A = 1 - \frac{1}{4}$$
$$= \frac{3}{4}$$

ここで$A$は鋭角なので$\sin A > 0$
すなわち，
$$\sin A = \sqrt{\frac{3}{4}}$$
$$= \frac{\sqrt{3}}{2}$$

5　〈解答〉$\dfrac{5}{36}$

　〈解説〉大小2つのさいころの目の出方は，大のさいころ6通りそれぞれに小のさいころ6通りの目の出方があるので，$6×6=36$（通り）

このうち，目の和が6となる目の出方は，

大5　小1
大4　小2
大3　小3
大2　小4
大1　小5

の5通り。これらはすべて同様に確からしいので，求める確率は，$\dfrac{5}{36}$

6　〈解答〉$3:2$

　〈解説〉△ABCの内角∠Aを2等分する直線が，対辺と点Pで交わるとき，BP：PC＝AB：ACが必ず成り立つ。ここで，問題文よりAB＝6，AC＝4なので，
BP：PC＝AB：AC＝6：4＝3：2

7　〈解答〉$x<\dfrac{1-\sqrt{2}}{3}$，$\dfrac{1+\sqrt{2}}{3}<x$

　〈解説〉左辺を平方完成して変形する。
$9x^2-6x-1>0$
$(3x-1)^2-2>0$
$(3x-1)^2>2$
$3x-1<-\sqrt{2}$，$\sqrt{2}<3x-1$
$3x<1-\sqrt{2}$，$1+\sqrt{2}<3x$
$x<\dfrac{1-\sqrt{2}}{3}$，$\dfrac{1+\sqrt{2}}{3}<x$

8　〈解答〉2

　〈解説〉$x^2+y^2-2x=3$を標準形に変形することで，中心の座標と半径を求めることができる。
$x^2-2x+y^2=3$
$(x-1)^2-1+y^2=3$
$(x-1)^2+y^2=4=2^2$

より，この方程式の表す円は，中心が$(1,0)$，半径2の円であることがわかる。

9　〈解答〉$a=\dfrac{3}{5}$，$b=\dfrac{4}{5}$

　〈解説〉左辺の分数の分母と分子に$(2+i)$をかけ算し，虚数の基本の形$A+Bi=C+Di$の形に持ち込む。

$$\dfrac{2+i}{2-i}=a+bi$$
$$\dfrac{(2+i)^2}{(2-i)(2+i)}=a+bi$$
$$\dfrac{4+4i-1}{4+1}=a+bi$$
$$\dfrac{3}{5}+\dfrac{4i}{5}=a+bi$$

よって，実部と虚部を比較して，
$a=\dfrac{3}{5}$，$b=\dfrac{4}{5}$

10　〈解答〉2

　〈解説〉初項$a$，公差$d$の等差数列の一般項$a_n$は，
$a_n=a+(n-1)d$
で表される。ここに，$a=16$，$d=-2$，$n=8$を代入して，
$a_8=16+(8-1)×(-2)$
　　$=16+7×(-2)$
　　$=16-14$
　　$=2$

11　〈解答〉$x=8$，$\dfrac{1}{4}$

　〈解説〉方程式　$(\log_2 x)^2-\log_2 x-6=0$

において，$\log_2 x = t$ とおく．
$$t^2 - t - 6 = 0$$
$$(t-3)(t+2) = 0$$
$$t = 3, -2$$
ここで $t = \log_2 x$ と戻して，
$\log_2 x = 3, -2$
$\log_2 x = 3$ のとき，$x = 2^3 = 8$
$\log_2 x = -2$ のとき，$x = 2^{-2} = \dfrac{1}{4}$

12 〈解答〉$2\sin\left(\theta - \dfrac{\pi}{6}\right)$
〈解説〉$p\sin\theta + q\cos\theta$
$= \sqrt{p^2 + q^2}\sin(\theta + \alpha)$
と変形することができる（この変形を三角関数の合成と呼ぶ）．
（ただし，$\alpha$ は $\cos\alpha = \dfrac{p}{\sqrt{p^2+q^2}}$,
$\sin\alpha = \dfrac{q}{\sqrt{p^2+q^2}}$ を満たす角．）
この式に，$p = \sqrt{3}$，$q = -1$ を代入，さらに $-\pi < \alpha \leq \pi$ にも注意して，
$\sqrt{3}\sin\theta - \cos\theta$
$= \sqrt{(\sqrt{3})^2 + (-1)^2}\sin(\theta + \alpha)$
$= \sqrt{4}\sin(\theta + \alpha)$
$= 2\sin(\theta + \alpha)$
ここで，$\alpha$ は $\cos\alpha = \dfrac{\sqrt{3}}{2}$,
$\sin\alpha = -\dfrac{1}{2}$ を満たす角なので，図より $\alpha = -\dfrac{\pi}{6}$
これを代入して，
$\sqrt{3}\sin\theta - \cos\theta = 2\sin\left(\theta - \dfrac{\pi}{6}\right)$

13 〈解答〉$a = 2$，$b = -7$，$c = 7$
〈解説〉整式が恒等式であるように係数を定めるときは，両辺を整理して，同じ項どうしの係数を比較すると求めら

れる．
（左辺）$= a(x+1)^2 + b(x+2) + c$
$= ax^2 + 2ax + a + bx + 2b + c$
$= ax^2 + (2a+b)x + (a+2b+c)$
ここで右辺の同類項と係数を比較して，
$a = 2$
$2a + b = -3$
$a + 2b + c = -5$
これらを解いて，
$a = 2$，$b = -7$，$c = 7$

14 ① 〈解答〉$f'(x) = 3x^2 + 1$
〈解説〉整式の微分の場合，$x^n \to nx^{(n-1)}$
と微分できるので，
$f(x) = x^3 + x$ のとき，
$f'(x) = 3x^2 + 1$ となる．

14 ② 〈解答〉$f'(-1) = 4$
〈解説〉①の答に $x = -1$ を代入する．
$f'(-1) = 3(-1)^2 + 1 = 4$

15 ① 〈解答〉$(-1, 7, -7)$
〈解説〉$\overrightarrow{AB} = \overrightarrow{OB} - \overrightarrow{OA}$
$= (0, 3, -4) - (1, -4, 3)$
$= (0-1, 3-(-4), -4-3)$
$= (-1, 7, -7)$

15 ② 〈解答〉$3\sqrt{11}$
〈解説〉
$|\overrightarrow{AB}|$
$= \sqrt{(-1)^2 + 7^2 + (-7)^2}$
$= \sqrt{1 + 49 + 49}$
$= \sqrt{99}$
$= 3\sqrt{11}$

# 2級 第1回
## 2次：数理技能検定
**PART II**

1 〈解答〉(1) 924通り　(2) 53256通り

〈解説〉
(1) 12人いる大人の中から，準備する6人を選ぶので，その選び方は

$${}_{12}C_6 = \frac{12 \cdot 11 \cdot 10 \cdot 9 \cdot 8 \cdot 7}{6 \cdot 5 \cdot 4 \cdot 3 \cdot 2 \cdot 1} = 924 \text{（通り）}$$

となる。

(2) パーティの参加者は全部で $12+9=21$（人）であり，この中から準備をする6人の選び方は全部で

$${}_{21}C_6 = \frac{21 \cdot 20 \cdot 19 \cdot 18 \cdot 17 \cdot 16}{6 \cdot 5 \cdot 4 \cdot 3 \cdot 2 \cdot 1}$$
$$= 54264 \text{（通り）}$$

である。
このうち大人だけで準備する場合と，子どもだけで準備する場合を除けば，大人も子どもも必ず選ばれる場合の数が得られる。
大人だけで準備する場合は(1)より924通り。
子供だけで準備する場合も同様に，9人いる子どもから準備する6人を選ぶので，

$${}_9C_6 = {}_9C_3 = \frac{9 \cdot 8 \cdot 7}{3 \cdot 2 \cdot 1} = 84 \text{（通り）}$$

である。よって大人も子どもも必ず選ばれるようにするとき，準備する人の選び方は全部で

$$54264 - 924 - 84 = 53256 \text{（通り）}$$

となる。

2 〈解答〉 $AD = \dfrac{12}{5}$, $BD = \dfrac{4\sqrt{19}}{5}$

〈解説〉

△ABCに余弦定理を用いて
$$BC^2 = 4^2 + 6^2 - 2 \cdot 4 \cdot 6 \cdot \cos 120°$$
$$= 16 + 36 + 24$$
$$= 76$$

$BC > 0$ より
$$BC = \sqrt{76} = 2\sqrt{19}$$

ここで，ADは∠Aを2等分するので，
$BD : CD = AB : AC = 4 : 6$ となる。
よってBDの長さはBCを $4:6$ に比例配分して，

$$BD = BC \times \frac{4}{4+6} = 2\sqrt{19} \times \frac{2}{5}$$
$$= \frac{4\sqrt{19}}{5}$$

また，（△ABCの面積）
=（△ABDの面積）+（△ACDの面積）
より，∠BAD = ∠CAD = 60° に注意して

$$\frac{1}{2} \cdot 4 \cdot 6 \cdot \sin 120°$$
$$= \frac{1}{2} \cdot 4 \cdot AD \cdot \sin 60° + \frac{1}{2} \cdot 6 \cdot AD \cdot \sin 60°$$

ここで，$\sin 120° = \sin 60°$ なので，両辺を割って整理すると

$$12 = (2+3)AD = 5AD$$

よって

$$AD = \frac{12}{5}$$

となる。

3 〈解答〉 $a = -\dfrac{3}{2}$, $b = 1$

〈解説〉
$$x^3 + ax^2 + bx + 1 = 0$$

に $x = 1+i$ を代入して整理する。
（左辺）
$$= (1+i)^3 + a(1+i)^2 + b(1+i) + 1$$

— 27 —

$= (1+3i-3-i) + a \cdot 2i + b(1+i) + 1$
$= (b-1) + (2a+b+2)i$

これが0に等しいので

$\begin{cases} b-1=0 & \cdots ① \\ 2a+b+2=0 & \cdots ② \end{cases}$

①より
$b=1$

これを②に代入して$a=-\dfrac{3}{2}$がわかる。

〈別解〉

3次方程式$x^3+ax^2+bx+1=0$は実数係数なので,この方程式が複素数$x=1+i$を解に持つとき,その共役複素数$x=1-i$も解となる。

$(1+i)+(1-i)=2$
$(1+i)(1-i)=2$

より,これらは$x^2-2x+2=0$の2解である。

すなわち,$x^3+ax^2+bx+1$は$x^2-2x+2$で割り切れる。

$$\begin{array}{r} x+(a+2)\phantom{00000} \\ x^2-2x+2\overline{\smash{\big)}\,x^3+ax^2+bx+1} \\ \underline{x^3-2x^2+2x}\phantom{0000} \\ (a+2)x^2+(b-2)x+1 \\ \underline{(a+2)x^2-2(a+2)x+2(a+2)} \\ (2a+b+2)x+(-2a-3) \end{array}$$

このあまりが0なので,
$2a+b+2=0 \quad \cdots ①$
$-2a-3=0 \quad \cdots ②$

②より
$a=-\dfrac{3}{2}$

これを①に代入して$b=1$がわかる。

4 〈解答〉$n=14$

〈解説〉初項0,末項100,項数$n+2$の等差数列の和は

$\dfrac{1}{2} \cdot (0+100)(n+2) = 50(n+2)$

これが800に等しいので
$50(n+2)=800$
$n+2=16$

よって求める$n$の値は$n=14$である。

〈補足〉初項と末項の間に$n$個の項があるので,この数列の項数は,初項と末項の2個に$n$個の項を加えて$n+2$となります。

5 〈解答〉(1) 9 (2) 0
(3) 3の倍数または3で割ると1余る数

〈解説〉

(1) $<1>=1, <2>=2, <3>=0,$
$<4>=1, <5>=2, <6>=0,$
$<7>=1, <8>=2, <9>=0$より、$<1>+<2>+<3>+<4>+<5>+<6>+<7>+<8>+<9>=1+2+0+1+2+0+1+2+0=9$ となる。

(2) (1)より,
$<<1>+<2>+<3>+<4>+<5>+<6>+<7>+<8>+<9>>=<9>=0$

(3) $<4>=1$であり,

・$a$が3の倍数のとき,$<4+a>=1, <a>=0$より$<4+a>=<4>+<a>$が成り立つ。

・$a$が3で割ると1余る数のとき,$<4+a>=2, <a>=1$より$<4+a>=<4>+<a>$が成り立つ。

・$a$が3で割ると2余る数のとき,$<4+a>=0, <a>=2$より$<4+a>=<4>+<a>$が成り立たない。

よって，答えは3の倍数または3で割ると1余る数。

6 〈証明〉
$n$が奇数なので，整数$k$を用いて
$$n=2k+1$$
と表すことができる。
よって，これを$n^3-1$に代入して計算すると，
$$\begin{aligned}n^3-1&=(2k+1)^3-1\\&=8k^3+12k^2+6k\\&=2(4k^3+6k^2+3k)\end{aligned}$$
となる。ここで，$4k^3+6k^2+3k$は整数より，$2(4k^3+6k^2+3k)$は偶数である。以上より，$n$が奇数ならば$n^3-1$は偶数であることが示された。

〈補足〉
整数$n$が整数$p$で割ったときに$r$余る数であるとき，整数$n$は整数$k$を用いて
$$n=pk+r$$
と表すことができる。

7 〈解答〉$f(x)=12x-5$, $a=\dfrac{3}{2}$, $-\dfrac{2}{3}$

〈解説〉
$$\int_a^x f(t)\,dt=6x^2-5x-6 \quad \cdots ①$$
の両辺を$x$について微分して
$$f(x)=12x-5$$
また①において$x=a$とおくと
$$0=6a^2-5a-6$$
これを解くと（右辺を因数分解して），
$$(2a-3)(3a+2)=0$$
よって$a=\dfrac{3}{2}$, $-\dfrac{2}{3}$がわかる。

〈補足〉
$$\int_a^x f(t)\,dt=\cdots$$

の形をした積分の式は，両辺を$x$で微分することで，$f(x)$がすぐに得られる。これは，
$f(x)=F'(x)$としたときに，
$$\int_a^x f(t)\,dt=[F(t)]_a^x=F(x)-F(a)$$
となり，これを微分すると，定数である$-F(a)$の部分が消えて，$F'(x)=f(x)$ となるためである。

# 2級 第2回
## 1次：計算技能検定

**1** 〈解答〉$x^3-1$

〈解説〉
展開して計算すると
$(x-1)(x^2+x+1)$
$=(x^3+x^2+x)-(x^2+x+1)$
$=x^3+x^2+x-x^2-x-1$
$=x^3-1$

**2** 〈解答〉$(10x+1)^3$

〈解説〉
因数分解の公式 $A^3+3A^2B+3AB^2+B^3=(A+B)^3$ に，$A=10x$，$B=1$ を代入して計算する。
$1000x^3+300x^2+30x+1$
$=(10x)^3+3\cdot(10x)^2\cdot1+3\cdot10x\cdot1^2+1^3$
$=(10x+1)^3$

**3** 〈解答〉4

〈解説〉
$\dfrac{2}{x}$ に $x=2+\sqrt{2}$ を代入して，分母と分子に $2-\sqrt{2}$ をかけると，
$\dfrac{2}{(2+\sqrt{2})}=\dfrac{2(2-\sqrt{2})}{(2+\sqrt{2})(2-\sqrt{2})}$
$=\dfrac{2(2-\sqrt{2})}{4-2}$
$=\dfrac{2(2-\sqrt{2})}{2}$
$=2-\sqrt{2}$

よって，
$x+\dfrac{2}{x}=2+\sqrt{2}+2-\sqrt{2}$
$\phantom{x+\dfrac{2}{x}}=4$

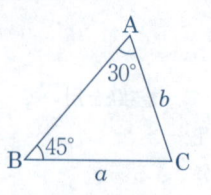

**4** 〈解答〉$\sqrt{2}$

〈解説〉

正弦定理
$\dfrac{a}{\sin A}=\dfrac{b}{\sin B}$ に，$A=30°$，$B=45°$，$a=1$ を代入して計算する。
$\dfrac{1}{\sin 30°}=\dfrac{b}{\sin 45°}$
$b\sin 30°=\sin 45°$
ここで $\sin 30°=\dfrac{1}{2}$，$\sin 45°=\dfrac{\sqrt{2}}{2}$ を代入して，
$\dfrac{b}{2}=\dfrac{\sqrt{2}}{2}$
$b=\sqrt{2}$

**5** 〈解答〉132

〈解説〉
$n!$（$n$の階乗）とは，次のような式のことである。
$n!=n\times(n-1)\times(n-2)\times\cdots\cdots\times2\times1$
よって，
$\dfrac{12!}{10!}$
$=\dfrac{12\times11\times10\times9\times8\times\cdots\cdots\times2\times1}{10\times9\times8\times\cdots\cdots\times2\times1}$
$=12\times11$
$=132$

**6** 〈解答〉0

〈解説〉
$y=2x^2-8x+8$
$\phantom{y}=2(x-2)^2$

となるので，右図グラフより，$x=2$ のとき，最小値 $y=0$ をとる。

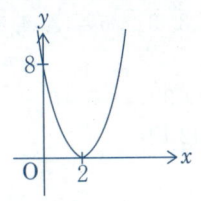

7 〈解答〉 $-\dfrac{2}{3} \leqq k \leqq 2$

〈解説〉
$y = x^2 + 4kx + 7k^2 - 4k - 4$
$= (x+2k)^2 - 4k^2 + 7k^2 - 4k - 4$
$= (x+2k)^2 + 3k^2 - 4k - 4$
より，$3k^2 - 4k - 4$ が0以下となれば$x$軸と共有点を持つ。
$3k^2 - 4k - 4 \leqq 0$
$(3k+2)(k-2) \leqq 0$
$-\dfrac{2}{3} \leqq k \leqq 2$

〈別解〉
①の判別式を$D$とすると，$D \geqq 0$となればこの放物線は$x$軸と共有点を持つ。ここで，
$\dfrac{D}{4} = (2k)^2 - (7k^2 - 4k - 4)$
$= -3k^2 + 4k + 4$　より
$-3k^2 + 4k + 4 \geqq 0$
$3k^2 - 4k - 4 \leqq 0$
$(3k+2)(k-2) \leqq 0$
$-\dfrac{2}{3} \leqq k \leqq 2$

8 〈解答〉 $(4, 0)$

〈解説〉
2点$(a, b)$と$(c, d)$を$m:n$に内分する点の座標は
$\left(\dfrac{na+mc}{m+n}, \dfrac{nb+md}{m+n}\right)$

となるので，$A(2, 4)$，$B(5, -2)$を$2:1$に内分する点は，
$\left(\dfrac{1\times 2 + 2\times 5}{2+1}, \dfrac{1\times 4 + 2\times(-2)}{2+1}\right)$
を計算して，$(4, 0)$

9 〈解答〉 13

〈解説〉
$i^2 = -1$ であることに気をつけて，展開して計算する
$(3+2i)(3-2i)$
$= 9 - 4i^2$
$= 9 + 4$
$= 13$

10 〈解答〉 $2a-1$

〈解説〉
初項1，第2項$a$　より，この等差数列の公差は　$a-1$　ここで，第3項は第2項に公差を加えたもの。よって，
$a + (a-1) = 2a - 1$

11 〈解答〉 9

〈解説〉
$\sqrt[3]{9} \times \sqrt[3]{81}$
$= \sqrt[3]{9} \times \sqrt[3]{(9^2)}$
$= \sqrt[3]{9 \times 9^2}$
$= \sqrt[3]{9^3}$
$= 9$

12 〈解答〉 $\dfrac{\sqrt{6}-\sqrt{2}}{4}$

〈解説〉
$75° = 45° + 30°$ なので，
余弦の加法定理
$\cos(A+B) = \cos A \cos B - \sin A \sin B$
の$A$と$B$にそれぞれ$45°$と$30°$を代入して，

$\cos 75°$
$=\cos(45°+30°)$
$=\cos 45° \cos 30° - \sin 45° \sin 30°$
$=\dfrac{\sqrt{2}}{2}\times\dfrac{\sqrt{3}}{2}-\dfrac{\sqrt{2}}{2}\times\dfrac{1}{2}$
$=\dfrac{\sqrt{6}}{4}-\dfrac{\sqrt{2}}{4}$
$=\dfrac{\sqrt{6}-\sqrt{2}}{4}$

13 〈解答〉 $x=2, -2$
〈解説〉
うまく項を組み合わせて因数分解する。
$x^3-2x^2-4x+8=0$
$(x^3+8)-(2x^2+4x)=0$
$(x+2)(x^2-2x+4)-2x(x+2)=0$
$(x+2)(x^2-2x+4-2x)=0$
$(x+2)(x^2-4x+4)=0$
$(x+2)(x-2)^2=0$
$x=2, -2$

〈別解〉
与式の左辺に $x=2$ を代入すると,
$x^3-2x^2-4x+8$
$=2^3-2\times 2^2-4\times 2+8$
$=8-8-8+8$
$=0$
となるので,因数定理より $x^3-2x^2-4x+8$ は $x-2$ で割り切れる。
よって,
$(x^3-2x^2-4x+8)\div(x-2)$ を計算して,
$(x^3-2x^2-4x+8)\div(x-2)=x^2-4$
すなわち,
$x^3-2x^2-4x+8=(x^2-4)(x-2)$
$\qquad\qquad\quad =(x+2)(x-2)^2$
ゆえに,
$x^3-2x^2-4x+8=0$
$(x+2)(x-2)^2=0$
$\qquad\quad x=2, -2$

14 ① 〈解答〉 0
〈解説〉
$\vec{a}=(-4, 3, 5), \vec{b}=(3, 4, 0)$ より,
$\vec{a}\cdot\vec{b}$
$=-4\times 3+3\times 4+5\times 0$
$=-12+12+0$
$=0$

14 ② 〈解答〉 $\theta=90°$
〈解説〉
①より,$\vec{a}$ と $\vec{b}$ の内積が 0 なので,
$\cos\theta=0$
すなわち,$\theta=90°$

15 ① 〈解答〉 $f'(x)=3x^2-3$
〈解説〉
整式の微分の場合,$x^n\to nx^{n-1}$ と微分できるので,
$f(x)=x^3-3x+2$ より,
$f'(x)=3x^2-3$ となる。

15 ② 〈解答〉 9
〈解説〉
①の答に $x=2$ を代入する。
$f'(2)=3\times 2^2-3=12-3=9$

# 2級 第2回
## 2次：数理技能検定

**PART II**

### 1 〈解答〉

3つの頂点をA，B，Cとすると，重心
…辺ABの中点とCを結び，辺BCの中点とAを結び，それらの交点が重心。
垂心…頂点Aから辺BCに垂線をおろし，頂点Cから辺ABに垂線をおろし，それらの交点が垂心。
外心…辺AB，BCからそれぞれ垂直2等分線を引き，それらの交点が外心。

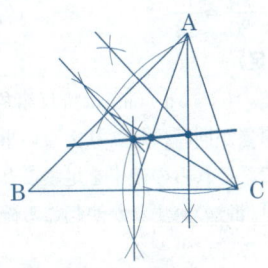

### 2 〈解答〉 $y=x^2-4(k+2)x+(2k+24)$ など

〈解説〉

$y=x^2+ax+b$ の判別式 $D=a^2-4b<0$ の解が $-4<k<\dfrac{1}{2}$ となるようにする。すなわち，判別式が

$$(k+4)\left(k-\dfrac{1}{2}\right)=k^2+\dfrac{7}{2}k-2<0$$

となればよい。両辺4倍して，

$$4k^2+14k-8<0$$

となるので，元の $a^2-4b<0$ を整理すると $4k^2+14k-8<0$ になる $a$ と $b$ を求める。

### 3 〈証明〉

$\vec{x}=a\vec{y}+b\vec{z}$ …①，
$\vec{y}=c\vec{x}+d\vec{z}$ …②，

①を②に代入すると

$\vec{y}=c(a\vec{y}+b\vec{z})+d\vec{z}$
$=ac\vec{y}+(bc+d)\vec{z}$
$(1-ac)\vec{y}=(bc+d)\vec{z}$

$1-ac\neq 0$ より

$$\vec{y}=\dfrac{bc+d}{1-ac}\vec{z}$$

これより，$\vec{y}\parallel\vec{z}$

また，$b\neq 0$ より，①は

$$\dfrac{1}{b}\vec{x}-\dfrac{a}{b}\vec{y}=\vec{z}$$

これを②に代入すると

$\vec{y}=c\vec{x}+d\left(\dfrac{1}{b}\vec{x}-\dfrac{a}{b}\vec{y}\right)$

$\left(\dfrac{b+ad}{b}\right)\vec{y}=\left(\dfrac{bc+d}{b}\right)\vec{x}$

$a$，$b$，$d$ はすべて正だから，$b+ad\neq 0$

$\vec{y}=\left(\dfrac{bc+d}{b+ad}\right)\vec{x}$

したがって，$\vec{x}\parallel\vec{y}$

以上から，$\vec{x}\parallel\vec{y}$ かつ $\vec{y}\parallel\vec{z}$ が成り立つ。

〈補足〉

$\vec{x}\parallel\vec{y}$ を証明するためには，$\vec{x}=k\vec{y}$ の形で表すことができることを示せばよい。

### 4 〈解答〉 1.11

〈解説〉 $\dfrac{27}{26}<\dfrac{26}{25}<\dfrac{25}{24}$ の各辺の常用対数をとると

$\log_{10}\dfrac{27}{26}<\log_{10}\dfrac{26}{25}<\log_{10}\dfrac{25}{24}$

$\log_{10}\dfrac{27}{26}<\log_{10}\dfrac{26}{25}$ より

$\log_{10}27-\log_{10}26<\log_{10}26-\log_{10}25$

$\log_{10}27+\log_{10}25<2\log_{10}26$

$3\log_{10}3+2\log_{10}5<2\log_{10}13+2\log_{10}2$

$3\log_{10}3+2(1-\log_{10}2)-2\log_{10}2<2\log_{10}13$

$3\log_{10}3+2-4\log_{10}2<2\log_{10}13$

$\log_{10} 2 = 0.3010$, $\log_{10} 3 = 0.4771$ より
$2.2273 < 2\log_{10} 13$
$1.11365 < \log_{10} 13$ …①
$\log_{10} \dfrac{26}{25} < \log_{10} \dfrac{25}{24}$ より，同様にして
$\log_{10} 26 - \log_{10} 25 < \log_{10} 25 - \log_{10} 24$
$\log_{10} 13 < 4\log_{10} 5 - 4\log_{10} 2 - \log_{10} 3$
$\log_{10} 13 < 4 - 8\log_{10} 2 - \log_{10} 3$
$\log_{10} 13 < 1.1149$ …②
よって①，②より，$\log_{10} 13$ の値を四捨五入して小数第2位まで求めると，1.11 となる。

(答) 1.11

5 〈解答〉

消しゴム $a$ 個，三角定規 $b$ 個，コンパス $c$ 個，シャープペンシル $d$ 個を購入したとして，それぞれの値段は，60円，180円，300円，400円とすべて20円の倍数になっているので，その合計金額は

$60a + 180b + 300c + 400d$
$= 20(3a + 9b + 15c + 20d)$

となり，これらをどう組みあわせて購入しても，その合計金額は20円の倍数となるはずである。
ところが，このときの合計金額24330円は20の倍数ではない。なぜなら，2433という数は1の位が3であり，奇数だからである。
すなわち，店長はこの金額が20の倍数でないことを見て，誤りであることに気づいた。

6 〈解答〉

全体の取り出し方は，9個の球がすべて異なると考えて，

${}_9C_2 = \dfrac{9 \cdot 8}{2 \cdot 1} = 36$ (通り)

(i) 白球と黒球が取り出される場合
$4 \times 3 = 12$ (通り)
(ii) 白球と赤球が取り出される場合
$4 \times 2 = 8$ (通り)
(iii) 黒球と赤球が取り出される場合
$3 \times 2 = 6$ (通り)

(i)(ii)(iii)より，2個が異なる色の球である場合は
$12 + 8 + 6 = 26$ (通り)
したがって，求める確率は
$\dfrac{26}{36} = \dfrac{13}{18}$ (答) $\dfrac{13}{18}$

〈補足〉
解答の(i)(ii)(iii)は排反事象(2つの事象が同時に起こりえない事象)なので、それらの確率を足すことで(i)(ii)(iii)のいずれかが起こる確率を求めることができる。

7 〈証明〉

Aさんの変形では
$\displaystyle\int_\alpha^\beta (px^2 + qx + r)\,dx$
$= \left[\dfrac{p}{3}x^3 + \dfrac{q}{2}x^2 + rx\right]_\alpha^\beta$
$= \left(\dfrac{p}{3}\beta^3 + \dfrac{q}{2}\beta^2 + r\beta\right) -$
$\qquad \left(\dfrac{p}{3}\alpha^3 + \dfrac{q}{2}\alpha^2 + r\alpha\right)$

一方，Bさんの変形では
$\displaystyle\int_\alpha^\beta (px^2 + qx + r)\,dx$
$= \left[\dfrac{p}{3}x^3 + \dfrac{q}{2}x^2 + rx + C\right]_\alpha^\beta$
$= \left(\dfrac{p}{3}\beta^3 + \dfrac{q}{2}\beta^2 + r\beta + C\right) -$
$\qquad \left(\dfrac{p}{3}\alpha^3 + \dfrac{q}{2}\alpha^2 + r\alpha + C\right)$

$$= \left(\frac{p}{3}\beta^3 + \frac{q}{2}\beta^2 + r\beta\right) -$$
$$\left(\frac{p}{3}\alpha^3 + \frac{q}{2}\alpha^2 + r\alpha\right)$$

したがって，どちらの変形でも同じ答えが求まる。

〈補足〉
一般に定積分の計算をする際には，積分定数は最終的に消えるので書かないのがふつうである。

# 2級 第3回
## 1次：計算技能検定

1  〈解答〉$27x^3 - 27x^2y + 9xy^2 - y^3$
〈解説〉展開公式
$(A-B)^3 = A^3 - 3A^2B + 3AB^2 - B^3$
に，$A=3x$，$B=y$ を代入して計算すると，
$(3x-y)^3$
$=(3x)^3 - 3(3x)^2y + 3(3x)y^2 - y^3$
$= 27x^3 - 27x^2y + 9xy^2 - y^3$
となる。

2  〈解答〉$(x+2y)(x^2 - 2xy + 4y^2)$
〈解説〉因数分解の公式
$A^3 + B^3 = (A+B)(A^2 - AB + B^2)$
に $A=x$，$B=2y$ を代入して計算すると，
$x^3 + (2y)^3 = (x+2y)\{x^2 - x(2y) + (2y)^2\}$
$x^3 + 8y^3 = (x+2y)(x^2 - 2xy + 4y^2)$
となる。

3  〈解答〉$\sqrt{7} - \sqrt{3}$
〈解説〉
2重根号をはずす公式
$\sqrt{A+B-2\sqrt{AB}}$
$= \sqrt{A} - \sqrt{B}$ （ただし，$A > B$）
と $\sqrt{10 - 2\sqrt{21}}$ を見比べて，和が10，積が21となる2数を探す。
$A=7$，$B=3$ のとき，和が10，積が21となるので，これらを元の公式に代入して，
$\sqrt{10 - 2\sqrt{21}} = \sqrt{7} - \sqrt{3}$

4  〈解答〉$-2\sqrt{2}$
〈解説〉

$\tan\theta$ と $\cos\theta$ の関係式
$1 + \tan^2\theta = \dfrac{1}{\cos^2\theta}$
に $\cos\theta = -\dfrac{1}{3}$ を代入して計算すると，
$1 + \tan^2\theta = \dfrac{1}{\left(-\dfrac{1}{3}\right)^2} = 9$
$\tan^2\theta = 9 - 1 = 8$
ここで，$90° < \theta < 180°$ より $\tan\theta < 0$ なので，
$\tan\theta = -2\sqrt{2}$

5  〈解答〉56通り
〈解説〉
8人を5人と3人に分けるということは，8人から3人を選び出す組合せを求めればよい。
${}_8C_3 = \dfrac{8 \times 7 \times 6}{3 \times 2 \times 1}$
$= 56$（通り）

6  〈解答〉7個
〈解説〉
全体集合は10以下の正の整数であり，$A = \{1, 2, 4, 8\}$ より，
$A$ の補集合 $\overline{A} = \{3, 5, 6, 7, 9, 10\}$ である。
よって，$\overline{A} \cup B = \{2, 3, 5, 6, 7, 9, 10\}$
なので，要素の個数は7個。

7  〈解答〉$-\dfrac{1}{4} < k < 2$
〈解説〉
$y = x^2 - 4kx + 7k + 2$
$= (x - 2k)^2 - 4k^2 + 7k + 2$
より，この放物線の頂点の座標は $(2k, -4k^2 + 7k + 2)$ となる。

# Relative Clauses

Diane- an American <u>who</u> teaches English
Hawaii- a place <u>where</u> there are beaches
morning- a time <u>when</u> we have breakfast
internet- a thing <u>which</u> we use to check websites and emails
sushi- a food <u>which</u> is from Japan

---

Tokyo   teacher   Halloween   pencil   Australia   Justin Bieber

Monday   game   doctor   jail   panda   music   evening   bus

boy   China   classroom   12:30   Pikotaro   school   apple   bed

game center   post office   airport   book   convenience store

child   zookeeper   Trump   car   9:00   Sunday   goalkeeper

Diane

このy座標が0より大きければ，x軸と共有点を持たないことになるので，
$$-4k^2+7k+2>0$$
$$4k^2-7k-2<0$$
$$(4k+1)(k-2)<0$$
$$-\frac{1}{4}<k<2$$

〈別解〉
$y=x^2-4kx+7k+2$ において，判別式を$D$とすると，$D<0$ となればこの放物線は$x$軸と共有点を持たない。ここで，
$$\frac{D}{4}=(2k)^2-(7k+2)$$
$$=4k^2-7k-2 \quad より$$
$$4k^2-7k-2<0$$
$$(4k+1)(k-2)<0$$
$$-\frac{1}{4}<k<2$$

⑧ 〈解答〉 $\frac{1}{8}$

〈解説〉
解と係数の関係より，
$$\alpha+\beta=\frac{1}{4}$$
$$\alpha\beta=\frac{2}{4}=\frac{1}{2}$$
となる。よって
$$\alpha^2\beta+\alpha\beta^2$$
$$=\alpha\beta(\alpha+\beta)$$
$$=\frac{1}{2}\times\frac{1}{4}$$
$$=\frac{1}{8}$$

⑨ 〈解答〉 $a=-6$

〈解説〉
$f(x)=x^3-x^2+x+a$ とすると，因数定理より，

$x^3-x^2+x+a$ が $x-2$ で割り切れる
$\Leftrightarrow f(2)=0$
すなわち，
$$f(2)=2^3-2^2+2+a=0$$
$$8-4+2+a=0$$
$$a=-6$$

⑩ 〈解答〉 $a=11,\ b=2$

〈解説〉
$i^2=-1$ であることに注意して，左辺を展開して整理すると，
$$(4+3i)(2-i)=8-4i+6i-3i^2$$
$$=11+2i$$
このとき，問題文より$a$, $b$は実数で $a+bi$ と等しいので，$a=11,\ b=2$

⑪ 〈解答〉 3

〈解説〉
底の変換公式
$$\log_a b=\frac{\log_c b}{\log_c a} \quad より，$$
$$\log_5 8=\frac{\log_2 8}{\log_2 5}$$
よって，
$$\log_2 5 \cdot \log_5 8$$
$$=\log_2 5 \cdot \frac{\log_2 8}{\log_2 5}$$
$$=\log_2 8$$
$$=3$$

⑫ 〈解答〉 $(2,\ -1)$

〈解説〉
$A(x_1,\ y_1)$, $B(x_2,\ y_2)$, $C(x_3,\ y_3)$ のとき，△ABCの重心の座標は
$$\left(\frac{x_1+x_2+x_3}{3},\ \frac{y_1+y_2+y_3}{3}\right)$$
となる。よって，$A(-1,\ 2)$, $B(3,\ -5)$, $C(4,\ 0)$ の各座標を代入して，

$$\left(\frac{-1+3+4}{3}, \frac{2-5+0}{3}\right)$$
すなわち，(2, 1) である。

**13** 〈解答〉$-\dfrac{1}{16}$

〈解説〉
初項 $a$，公比 $r$ の等比数列の一般項 $a_n$ は，
$a_n = ar^{n-1}$
で表される。ここに，$a=2$，$r=-\dfrac{1}{2}$，$n=6$ を代入して，
$$a_6 = 2\left(-\frac{1}{2}\right)^{6-1}$$
$$= 2\times\left(-\frac{1}{2}\right)^5$$
$$= -\frac{1}{16}$$

**14** ① 〈解答〉5

〈解説〉
$\vec{a}=(2,1)$，$\vec{b}=(1,3)$ より，
$\vec{a}\cdot\vec{b} = 2\times 1+1\times 3$
$\qquad = 5$

**14** ② 〈解答〉$45°$

〈解説〉
$\vec{a}=(2,1)$ より，
$|\vec{a}|=\sqrt{2^2+1^2}=\sqrt{5}$
$\vec{b}=(1,3)$ より，
$|\vec{b}|=\sqrt{1^2+3^2}=\sqrt{10}$
ここで，$\vec{a}\cdot\vec{b}=|\vec{a}||\vec{b}|\cos\theta$ より，これらと①の答えをすべて代入して
$\quad 5=\sqrt{5}\sqrt{10}\cos\theta$
$\cos\theta=\dfrac{1}{\sqrt{2}}$
よって，$\theta=45°$

**15** ① 〈解答〉$2x^2-x+C$（$C$ は積分定数）

〈解説〉
$$\int x^n dx = \frac{1}{n+1}x^{n+1}+C \text{ より，}$$
$$\int (4x-1)dx = 4\cdot\frac{1}{2}x^2-x+C$$
$$= 2x^2-x+C$$
（$C$ は積分定数）

**15** ② 〈解答〉3

〈解説〉
①より，
$$\int_{-1}^{2}(4x-1)dx$$
$= \left[2x^2-x\right]_{-1}^{2}$
$= (2\times 2^2-2)-\{2\times(-1)^2-(-1)\}$
$= (8-2)-(2+1)$
$= 6-3$
$= 3$

# 2級　第3回
## 2次：数理技能検定

PART II

**1** 〈解答〉$c\cos A = a\cos C$ …①

$CA = b$として，余弦定理より
$$\cos A = \frac{b^2 + c^2 - a^2}{2bc},$$
$$\cos C = \frac{a^2 + b^2 - c^2}{2ab}$$

これらを①に代入して
$$c \cdot \frac{b^2 + c^2 - a^2}{2bc} = a \cdot \frac{a^2 + b^2 - c^2}{2ab}$$

分母をはらって
$$b^2 + c^2 - a^2 = a^2 + b^2 - c^2$$

これを整理して
$$c^2 = a^2$$

$a$, $c$はいずれも正であるから
$$c = a$$

すなわち△ABCはAB＝BCの二等辺三角形である。

（答）　AB＝BCの二等辺三角形

〈補足〉
このように，sinやcosの混じった等式から三角形の形状を答えさせる問題では，正弦定理や余弦定理を使ってsinやcosを辺だけの関係式に変形して，それをうまく整理していくことで答えが出てくる。

**2** (1) 〈解答〉$\dfrac{5}{9}$

〈解説〉
袋から球を1個取り出すとき，それが赤球である確率は$\dfrac{1}{3}$，白球である確率は$\dfrac{2}{3}$である。

$X = 2$となるのは，同じ色の球が2回続けて取り出されるときである。
赤球が2回続けて取り出される確率は
$$\frac{1}{3} \times \frac{1}{3} = \frac{1}{9}$$
白球が2回続けて取り出される確率は
$$\frac{2}{3} \times \frac{2}{3} = \frac{4}{9}$$
よって求める確率は
$$\frac{1}{9} + \frac{4}{9} = \frac{5}{9}$$

(2) 〈解答〉$\dfrac{22}{9}$

〈解説〉　$X$のとり得る値は2，3のいずれかである。このうち$X = 2$となる確率は(1)で求めた。

$X = 3$となるのは，1回目と2回目で取り出された球の色が異なるときである（この場合，3回目にどちらの色の球が取り出されても終了となる）。

1，2回目に取り出される球の色が「赤白」「白赤」となる確率はそれぞれ
$$\frac{1}{3} \times \frac{2}{3} = \frac{2}{9}, \quad \frac{2}{3} \times \frac{1}{3} = \frac{2}{9}$$
$X = 3$となる確率は
$$\frac{2}{9} + \frac{2}{9} = \frac{4}{9}$$
よって$X$の期待値は
$$2 \times \frac{5}{9} + 3 \times \frac{4}{9} = \frac{10}{9} + \frac{12}{9} = \frac{22}{9}$$

**3** (1) 〈解答〉$3^x$

〈解説〉$y = \dfrac{3^x + 3^{-x}}{2}$より
$$y^2 - 1 = \frac{3^{2x} + 2 + 3^{-2x}}{4} - 1$$
$$= \frac{3^{2x} - 2 + 3^{-2x}}{4}$$
$$= \left(\frac{3^x - 3^{-x}}{2}\right)^2$$

よって
$$\sqrt{y^2 - 1} = \frac{|3^x - 3^{-x}|}{2} \quad \text{…①}$$

$x \geq 0$のとき$x \geq -x$より$3^x \geq 3^{-x}$，よって

$$\sqrt{y^2-1}=\frac{3^x-3^{-x}}{2}$$

であり

$$y+\sqrt{y^2-1}=\frac{3^x+3^{-x}}{2}+\frac{3^x-3^{-x}}{2}=3^x$$

(2) 〈解答〉 $3^{-x}$

〈解説〉 $x<0$ のとき $x<-x$ より $3^x<3^{-x}$, よって①より

$$\sqrt{y^2-1}=-\frac{3^x-3^{-x}}{2}$$

ゆえに

$$y+\sqrt{y^2-1}=\frac{3^x+3^{-x}}{2}-\frac{3^x-3^{-x}}{2}$$
$$=3^{-x}$$

〈補足〉 $\sqrt{(式)^2}=|式|$ となるので注意が必要。中身が正か負かで答えが変わってくる。

4 (1) 〈解答〉 $a_1=p+q+r$

〈解説〉 $a_1=S_1$ なので, $S_n$ に $n=1$ を代入する。

(2) 〈解答〉 $2pn-p+q$

〈解説〉 $n\geqq 2$ のとき $a_n=S_n-S_{n-1}$, ここで

$$S_{n-1}=p(n-1)^2+q(n-1)+r$$
$$=pn^2-2pn+p+qn-q+r$$
$$=S_n-(2pn-p+q)$$

より $a_n=2pn-p+q (n\geqq 2)$ がわかる。

(3) 〈解答〉 $r=0$

〈解説〉(2)の式に $n=1$ を代入した値は

$$2p\cdot 1-p+q=p+q \quad \cdots ①$$

これが $a_1=p+q+r$ と一致するとき

$$p+q=p+q+r$$

より $r=0$ が成り立つ。

逆に $r=0$ が成り立つとき①は $a_1$ に等しい。

以上より, 求める必要十分条件は $r=0$ である。

5 〈解答〉 $2\sqrt{(a+c)^2+(b+c)^2}$

〈解説〉下のような展開図を貼り合せた図を考える。

この図上の輪ゴムの経路が一直線になるようにすればよい。

図のように P′ から右端の直線 AE に垂線 P′J を引くと

$$PJ=\frac{a}{2}+c+a+c+\frac{a}{2}=2a+2c$$

$$P'J=c+b+c+b=2b+2c$$

△PP′J に三平方の定理を適用して

$$PP'=\sqrt{(2a+2c)^2+(2b+2c)^2}$$
$$=2\sqrt{(a+c)^2+(b+c)^2}$$

〈補足〉一般に, 立体の周りの最短距離を求める問題は展開図で考えるとわかりやすいことが多い。

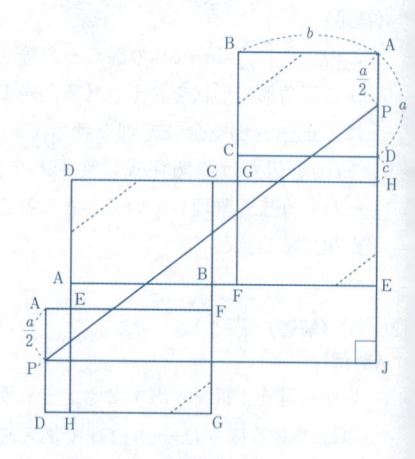

6 〈証明〉2次方程式 $x^2+ax+a-2=0$ …①の実数解の個数は

$$D=a^2-4(a-2)=a^2-4a+8$$

の符号によって決まる。ここで

$a^2-4a+8=(a-2)^2+4≧4$
より，D>0がすべての$a$について成り立つ。
以上より，①は$a$の値によらずつねに異なる2つの実数解をもつことが示された。
〈補足〉2次方程式の実数解の個数は，判別式Dの正負を調べることでわかる。

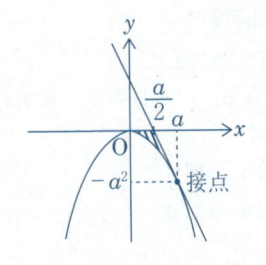

〈補足〉定積分で面積を求める際は，必ず上側のグラフの式から下側の式を引き算することに注意する。

7 (1)〈解答〉$y=-2ax+a^2$

〈解説〉$y=-x^2$より$y'=-2x$，
なので，点P$(a, -a^2)$における接線の傾きは$-2a$であり，方程式は
$y=-2a(x-a)-a^2$
$=-2ax+a^2$

(2)〈解答〉$\dfrac{a^3}{12}$

〈解説〉放物線と$x$軸は原点$(0,0)$で接する。また直線$y=-2ax+a^2$の$x$切片は $0=-2ax+a^2$より$x=\dfrac{a}{2}(>0)$である。
$\begin{cases} 0≦x≦\dfrac{a}{2}のとき -x^2≦0≦-2ax+a^2 \\ \dfrac{a}{2}≦x≦aのとき -x^2≦-2ax+a^2≦0 \end{cases}$
に注意して，求める図形の面積は
$\int_0^{\frac{a}{2}}\{0-(-x^2)\}dx+$
$\qquad\int_{\frac{a}{2}}^a\{-2ax+a^2-(-x^2)\}dx$
$=\int_0^{\frac{a}{2}}x^2dx+\int_{\frac{a}{2}}^a(x^2-2ax+a^2)dx$
$=\left[\dfrac{x^3}{3}\right]_0^{\frac{a}{2}}+\left[\dfrac{x^3}{3}-ax^2+a^2x\right]_{\frac{a}{2}}^a$
$=\dfrac{a^3}{24}+\dfrac{a^3}{3}-\left(\dfrac{a^3}{24}-\dfrac{a^3}{4}+\dfrac{a^3}{2}\right)=\dfrac{a^3}{12}$

# 2級 第4回
## 1次：計算技能検定

PART II

[1] 〈解答〉$27x^3+8y^3$

〈解説〉展開の公式
$$(A+B)(A^2-AB+B^2)=A^3+B^3$$
に，$A=3x$，$B=2y$ を代入して計算する。
$$(3x+2y)\{(3x)^2-(3x)(2y)+(2y)^2\}$$
$$=(3x)^3+(2y)^3$$
$$=27x^3+8y^3$$

[2] 〈解答〉$(x+y)(x+y-1)$

〈解説〉
組合せをうまく考えてまとめていく。
$$x^2+2xy+y^2-x-y$$
$$=(x^2+2xy+y^2)-(x+y)$$
$$=(x+y)^2-(x+y)$$
$$=(x+y)(x+y-1)$$

[3] 〈解答〉4

〈解説〉
左側の分数には，分母と分子に$\sqrt{5}+\sqrt{3}$をかけ，右側の分数には，分母と分子に$\sqrt{5}-\sqrt{3}$をかけることで，分母をそろえて計算する。

左側
$$\frac{\sqrt{5}}{\sqrt{5}-\sqrt{3}}$$
$$=\frac{\sqrt{5}(\sqrt{5}+\sqrt{3})}{(\sqrt{5}-\sqrt{3})(\sqrt{5}+\sqrt{3})}$$
$$=\frac{5+\sqrt{15}}{5-3}$$
$$=\frac{5+\sqrt{15}}{2}$$

右側
$$\frac{\sqrt{3}}{\sqrt{5}+\sqrt{3}}$$
$$=\frac{\sqrt{3}(\sqrt{5}-\sqrt{3})}{(\sqrt{5}+\sqrt{3})(\sqrt{5}-\sqrt{3})}$$
$$=\frac{\sqrt{15}-3}{5-3}$$
$$=\frac{\sqrt{15}-3}{2}$$

よって，
$$\frac{\sqrt{5}}{\sqrt{5}-\sqrt{3}}-\frac{\sqrt{3}}{\sqrt{5}+\sqrt{3}}$$
$$=\frac{5+\sqrt{15}}{2}-\frac{\sqrt{15}-3}{2}$$
$$=\frac{5+\sqrt{15}-\sqrt{15}+3}{2}$$
$$=\frac{8}{2}$$
$$=4$$

[4] 〈解答〉$\frac{5}{33}$

〈解説〉
$x=0.151515\cdots$とおく。
$100x=15.151515\cdots$
$-x=0.151515\cdots$
$99x=15$
$x=\frac{15}{99}$
$=\frac{5}{33}$

[5] 〈解答〉$\frac{1}{9}$

〈解説〉
2回のさいころの目の出方は，それぞれに1回目に6通り，2回目に6通りの目の出方があるので，
$6\times6=36$（通り）
このうち，出る目の数の積が12となるのは，
1回目6　2回目2
1回目4　2回目3

1回目3 2回目4
1回目2 2回目6
の4通り。これらはすべて同様に確からしいので，求める確率は，$\dfrac{4}{36}=\dfrac{1}{9}$

6 〈解答〉8個
〈解説〉
$A=\{1,2,4,5,7,8\}$ と $B=\{1,3,5,7,9\}$ について，和集合 $A\cup B$ は，いずれか一方，もしくは両方に属する要素をすべて書き出せばよい。
よって，$A\cup B=\{1,2,3,4,5,7,8,9\}$ となり，その要素の個数は8個。

7 〈解答〉$k\leqq -\dfrac{2}{9}$，$1\leqq k$
〈解説〉
$y=x^2+6kx+7k+2$
$=(x+3k)^2-9k^2+7k+2$
より，この放物線の頂点の座標は $(-3k,\ -9k^2+7k+2)$ となる。この $y$ 座標が0以下ならば，$x$軸と共有点をもつことになるので，
$-9k^2+7k+2\leqq 0$
$9k^2-7k-2\geqq 0$
$(9k+2)(k-1)\geqq 0$
$k\leqq -\dfrac{2}{9}$，$1\leqq k$

〈別解〉
$y=x^2+6kx+7k+2$ の判別式を $D$ とすると，$D\geqq 0$ となればこの放物線は $x$ 軸と共有点をもつ。ここで，
$\dfrac{D}{4}=(3k)^2-(7k+2)$
$=9k^2-7k-2$ より
$9k^2-7k-2\geqq 0$
$(9k+2)(k-1)\geqq 0$
$k\leqq -\dfrac{2}{9}$，$1\leqq k$

8 〈解答〉$a=-5$
〈解説〉
$f(x)=2x^3+ax^2-ax-6$ とすると，因数定理より，
$2x^3+ax^2-ax-6$ が $x-2$ で割り切れる $\Leftrightarrow f(2)=0$
すなわち，
$f(2)=2\times 2^3+a\times 2^2-2a-6=0$
$16+4a-2a-6=0$
$2a+10=0$
$a=-5$

9 〈解答〉3
〈解説〉解と係数の関係より，
$\alpha+\beta=\dfrac{3}{4}$
$\alpha\beta=\dfrac{1}{4}$
となる。よって
$\dfrac{1}{\alpha}+\dfrac{1}{\beta}$
$=\dfrac{\alpha+\beta}{\alpha\beta}$
$=\dfrac{\dfrac{3}{4}}{\dfrac{1}{4}}$
$=3$

10 〈解答〉$16+11i$
〈解説〉
$i^2=-1$ であることに注意して，展開して計算する。
$(2+3i)(5-2i)$
$=10-4i+15i-6i^2$
$=16+11i$

11 〈解答〉$x=2$，$\log_3 2$
〈解説〉

$(3^x)^2 - 11 \cdot 3^x + 18 = 0$ において，
$3^x = t$ とおく $(t > 0)$。
$\quad t^2 - 11t + 18 = 0$
$(t-2)(t-9) = 0$
$\qquad\qquad\qquad t = 2, 9$
ここで，$t = 3^x$ と戻して，
$3^x = 2, 9$
$x = \log_3 2, 2$

12 〈解答〉 $-\dfrac{1}{9}$

〈解説〉
$\cos\theta$ に関する2倍角の公式
$\cos 2\theta = 2\cos^2\theta - 1$
に $\cos\theta = \dfrac{2}{3}$ を代入して計算する。
$\cos 2\theta = 2\cos^2\theta - 1$
$\qquad = 2\left(\dfrac{2}{3}\right)^2 - 1$
$\qquad = \dfrac{8}{9} - 1$
$\qquad = -\dfrac{1}{9}$

13 〈解答〉 $n^2 + n$

〈解説〉
$\quad 2 + 4 + 6 + \cdots + 2n$
$= 2(1 + 2 + 3 + \cdots + n)$
$= 2\sum_{k=1}^{n} k$
ここで，$\sum_{k=1}^{n} k = \dfrac{1}{2}n(n+1)$ より，
これを代入して，
$\quad 2 \times \dfrac{1}{2}n(n+1)$
$= n(n+1)$
$= n^2 + n$

14 ① 〈解答〉 $(6, -3)$

〈解説〉
$\vec{a} = (4, 1), \vec{b} = (2, -4)$ より
$\vec{a} + \vec{b} = (4, 1) + (2, -4)$
$\qquad = (4+2, 1-4)$
$\qquad = (6, -3)$

14 ② 〈解答〉 $3\sqrt{5}$

〈解説〉
$\vec{a} + \vec{b} = (6, -3)$ より，
$|\vec{a} + \vec{b}| = \sqrt{6^2 + (-3)^2}$
$\qquad = \sqrt{36 + 9}$
$\qquad = \sqrt{45}$
$\qquad = 3\sqrt{5}$

15 ① 〈解答〉 $2x^3 - x^2 + x + C$ （$C$は積分定数）

〈解説〉
$\int x^n dx = \dfrac{1}{n+1}x^{n+1} + C$ より，
$\int (6x^2 - 2x + 1) dx$
$= 6 \cdot \dfrac{1}{3}x^3 - 2 \cdot \dfrac{1}{2}x^2 + x + C$
$= 2x^3 - x^2 + x + C$ （$C$は積分定数）

15 ② 〈解答〉 18

〈解説〉
①より，
$\int_{-1}^{2} (6x^2 - 2x + 1) dx$
$= \left[2x^3 - x^2 + x\right]_{-1}^{2}$
$= (2 \times 2^3 - 2^2 + 2) - \{2 \times (-1)^3 - (-1)^2 + (-1)\}$
$= (16 - 4 + 2) - (-2 - 1 - 1)$
$= 14 + 4$
$= 18$

# 2級 第4回
## 2次：数理技能検定  PART II

1　〈解答〉
$n=2$ のとき，$x=-1, -3$
$n=3$ のとき，$x=-2$ (重解)

〈解説〉$x^2+4x+n+1=0$ を変形して，
$(x+2)^2=3-n$
ここで $(x+2)^2 \geqq 0$ かつ $n$ は正の整数だから
$n=1, 2, 3$ (必要条件)

i) $n=1$ のとき
　$x^2+4x+2=0$
　$x=-2\pm\sqrt{2}$ (整数でないので不適切)

ii) $n=2$ のとき
　$x^2+4x+3=0$ より
　$(x+1)(x+3)=0,\ x=-1, -3$

iii) $n=3$ のとき
　$x^2+4x+4=0$ より
　$(x+2)^2=0,\ x=-2$ (重解)

〈補足〉この手の整数問題は，式を変形することで必要条件を求め，その条件を一つ一つ確かめていく。この問題の場合は平方完成に気づけば後は速い。

2　〈解答〉$\theta=55°$

〈解説〉
△OBCは正三角形で，点Mは辺BCの中点なので
　BM：OM＝$1:\sqrt{3}$
BMは1cmなので，OM=$\sqrt{3}$cm
また，点Hは正方形ABCDの対角線の交点なので，MH=1cm
よって△OMHにおいて
$\cos\theta=\dfrac{\text{MH}}{\text{OM}}=\dfrac{1}{\sqrt{3}}=\dfrac{\sqrt{3}}{3}=0.5773\cdots$
三角比の表からもっとも近い値を求めると
$\theta=55°$

〈補足〉最後に $\dfrac{\sqrt{3}}{3}$ の値を求める段階で，$\sqrt{3}\fallingdotseq 1.7320508$ を覚えておく必要がある。

3　〈解答〉中心 $(2, 1)$，半径 $\dfrac{1}{2}$ の円

〈解説〉点Pを $(a, b)$，点Mを $(X, Y)$ とすると，Mは線分APの中点だから
$X=\dfrac{4+a}{2},\ Y=\dfrac{2+b}{2}$
これらから
$a=2X-4,\ b=2Y-2$ …①
一方，点Pは円 $x^2+y^2=1$ 上にあるから
$a^2+b^2=1$ …②
①を②に代入すると
$(2X-4)^2+(2Y-2)^2=1$
$4(X-2)^2+4(Y-1)^2=1$
$(X-2)^2+(Y-1)^2=\left(\dfrac{1}{2}\right)^2$

よって，求める軌跡は中心 $(2, 1)$，半径 $\dfrac{1}{2}$ の円である。

〈補足〉最後の式変形は，展開せずにうまく円の式の形にもっていくと速くて確実に計算できる

4　(1)〈解答〉$\vec{\text{AP}}=t\vec{b}+t\vec{d}+(1-t)\vec{e}$

〈解説〉$\vec{\text{AP}}=t\vec{\text{AC}}+(1-t)\vec{\text{AE}}$
$=t(\vec{b}+\vec{d})+(1-t)\vec{e}$
$=t\vec{b}+t\vec{d}+(1-t)\vec{e}$

(2)〈解答〉
$t=\dfrac{1}{6},\ \vec{\text{AP}}=\dfrac{1}{6}\vec{b}+\dfrac{1}{6}\vec{d}+\dfrac{5}{6}\vec{e}$

〈解説〉$\text{AP}\perp\text{CE}$ より，$\vec{\text{AP}}\cdot\vec{\text{CE}}=0$
(1)で求めた $\vec{\text{AP}}$ と $\vec{\text{CE}}=-(\vec{b}+\vec{d})+\vec{e}$

を代入，
$\{t\vec{b}+t\vec{d}+(1-t)\vec{e}\}\cdot\{-(\vec{b}+\vec{d})+\vec{e}\}=0$
$\{t\vec{b}+t\vec{d}+(1-t)\vec{e}\}\cdot(-\vec{b}-\vec{d}+\vec{e})=0$
ここで，$\vec{b}\cdot\vec{d}=0$，$\vec{d}\cdot\vec{e}=0$，$\vec{e}\cdot\vec{b}=0$ より，展開して計算すると，
$-t|\vec{b}|^2-t|\vec{d}|^2+(1-t)|\vec{e}|^2=0$
さらに，$|\vec{b}|=2$，$|\vec{d}|=|\vec{e}|=1$ を代入して
$-4t-t+(1-t)=0$　これを解いて
$t=\dfrac{1}{6}$
このとき
$\vec{AP}=\dfrac{1}{6}\vec{b}+\dfrac{1}{6}\vec{d}+\left(1-\dfrac{1}{6}\right)\vec{e}$
　　$=\dfrac{1}{6}\vec{b}+\dfrac{1}{6}\vec{d}+\dfrac{5}{6}\vec{e}$

〈補足〉3次元のベクトル問題は，3つの基底ベクトル（この場合は $\vec{b}$，$\vec{d}$，$\vec{e}$）ですべてのベクトルを表現して代入することで大抵は解ける。
特に，本問のように基底ベクトルどうしが直交するときは，それらの内積の値が0になるので，計算が見かけほど複雑でなくなる場合が多い。

⑤ 〈解答〉5625
〈解説〉3けたの数ABCを $n$ とおくと，
$5000+n=nm$　（$m$ は自然数）と表すことができる。
$5000+n=nm$ を変形して　$5000=(m-1)n$　より，$n$ は5000の約数である。
5000の3けたの約数のうち最大のものは，625なので，$n=625$

⑥ 〈解答〉$\dfrac{31}{45}$
〈解説〉すべての球が異なると考えると全体の取り出しかたは
$_{10}C_2=\dfrac{10\cdot 9}{2\cdot 1}=45$（通り）
そのうち赤球と白球を取り出す場合は
$2\times 3=6$（通り）
赤球と青球を取り出す場合は
$2\times 5=10$（通り）
白球と青球を取り出す場合は
$3\times 5=15$（通り）
したがって，求める確率は
$\dfrac{6+10+15}{45}=\dfrac{31}{45}$

〈補足〉この手の袋から球を取り出すような確率の問題は，まずすべての事象が同様に確からしくなるように，すべての球が異なると考えて全体の事象を考えて，そのうち何通りが求める場合に当てはまるかを考えるとよい。

⑦ (1) 〈解答〉$y=3x-4$
〈解説〉$y=x^2-x$ を微分して，
$y'=2x-1$
よって $x=2$ における微分係数は
$y'=2\times 2-1=3$
よって接線 $\ell$ は点 $(2, 2)$ を通り，傾き3の直線なので，
$y=3(x-2)+2$
　$=3x-4$

〈補足〉
傾き $m$，点 $(a, b)$ を通る直線の式は
$y=m(x-a)+b$
となる。この公式は，特に微分を使って接線を求める際によく使われるので覚えておく。

(2) 〈解答〉 $\dfrac{8}{3}$

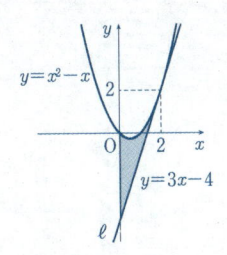

〈解説〉 $0 \leqq x \leqq 2$ において $x^2-x \geqq 3x-4$ なので,求める面積は

$$\int_0^2 \{(x^2-x)-(3x-4)\}dx$$
$$=\int_0^2 (x^2-4x+4)\,dx$$
$$=\left[\dfrac{1}{3}x^3-2x^2+4x\right]_0^2$$
$$=\dfrac{8}{3}-8+8=\dfrac{8}{3}$$

〈補足〉 面積を積分で計算する際は,必ずグラフのどちらが上にあるかを確認する。

B-3　　　　　　　　　　　　　　　本誌からはがしてご使用ください。